为 人 生 提 供 领 跑 世 界 的 力 量

BLACK SWAN

自控力

斯坦福高效实用的
25堂心理学课

スタンフォードの心理学講義
人生がうまくいくシンプルなルール

实操篇

【美】凯利·麦格尼格尔
（Kelly McGonigal Ph.D.）+著
金磊 +译

北京联合出版公司
Beijing United Publishing Co.,Ltd.

要实现至关重要的改变，

需要的是智慧和勇气。

目　　录

Contents

01 建立高效的思维模式

有效率的拖延能将应该去做的事情转变成想要去做的事情。
所以，你要清楚自己是如何工作的，什么才是你做事情的动机。

02 成长认知力

你想要做出多大的变化和改变？然后问一问自己：
为什么会期待这种改变？为什么想要达成这个目标？

03 和情绪做朋友

如果感觉到压力，与其觉得生活出了问题，不如把它当作你和有意义的工作、人际关系、目标之间的关联。

04 跨越沟通的迷思

幸福感和精神层面上的健康，并不取决于你从事什么工作，而是在于你如何看待一起共事的人！

01

建立高效的思维模式

有效率的拖延能将应该去做的事情转变成
想要去做的事情。
所以，你要清楚自己是如何工作的，
什么才是你做事情的动机。

Lesson 1

有效率的拖延：把“应该做”变成“我想做”

常常有人问我：“你是如何将所有的事情都安排得井井有条的呢？”这里所谓的“所有的事情”，应该是指我在斯坦福大学讲授心理学课程的同时，还要撰写书稿、做科研、举办世界巡回演讲，甚至还包括作为我个人兴趣爱好的瑜伽和舞蹈课程等各种各样的活动吧。虽然大多数人纯粹是出于好奇心来问我这个问题的，但说不定其中也会带有一丝敬畏之情，真的认为我所做的这些事情很了不起吧。

在这里提起这个，并不是想要表达我的骄傲和自满，而是感慨大家的看法与真实的我实在是相差甚远。我并不觉得自己算得上是效率模范式的人物。我每次查看工作清单，也会备感压力，因为要做的事情实在是太多了。到底该怎么办才能完成所有的工作呢？

如果你到过我的办公室，一定很难将其与“井井有条”这四个字联系起来，完全就是一副乱七八糟的样子。

所以，当我打算就时间管理法来写点儿什么内容时，连我自己都会有一种当骗子的感觉。如果说在提高效率方面有什么建议，我能说的只有“别把时间都浪费在网络购物上”，仅此而已。

做好所有事情的秘诀，就是别总想着尽善尽美

不过，看到自己的工作清单和乱七八糟的书桌时，我心里会感到很充实。我并非超人，只是一介凡夫俗子，但是将所有想做的事情全部做到了。这种充实的满足感，让我大部分时候都很享受。

最重要的一点是，别总想着把每一件事都做得尽善尽美。这才是我能够成功完成所有工作的真正秘诀。提高工作效率的首要诀窍，并非要做到有计划性或者善于管理时间。为了完成某项工作，我们不一定非得遵从以往的那些“必须这样做”的死规矩不可，要允许自己以自己的方式去工作。

我就对那些会干扰我工作的“自己的小习惯”采取接受的态度，还学会了如何去利用这些习惯。比方说，我是一个夜猫子，我就没必要非得在每天早晨处理重要的工作不可。利用好早晨的时间，能让整整一天的状态都变得很棒。

早晨，可以做一做运动或冥想，也可以处理一些杂七杂八的琐事。而对于夜猫子的我来说，傍晚以后的时间反而更能集中注意力和精力。因此，即便是从一天的晚些时候开始处理工作，也没有什么不妥。

此外，我的性格总是容易让自己接受过多的工作。对此，我没有抱怨，因为我觉得过多的工作并不意味着坏事。迄今为止，在我的职业生涯中，曾经有几次，我想要减少自己的工作量，让人生更加简单一些。我会集中力量处理某一件主要的工作，同时减少授课和出差的次数，好让自己能更集中精力。我觉得工作量少了，压力也会随之减小，而自己就能更幸福。

可是，每次想要减少工作时，自己又总想找些其他的事做，想将日程表上空着的时间都填满。比如接手新的班级或科研项目，或者是一直想去做的家里房子的重新装修。于是，我终于明白了，对我来说，空闲的时间如果不采取一些创新的想法将其填满，我是决不会罢休的。也许很多人在生活中需要有一点儿空闲的时间，才能让每天都过得更加平衡，但我是反其道行之的。

人越“忙”，越有幸福感

不要接受过多的工作安排，减少工作量才能感觉到幸福，这种想法本身就是有问题的。其实，这是很常见的一种误解。美国芝加哥大学与中国上海交通大学的研究显示，就算被迫接受了超出本人所期望的强度的工作，结果也是越忙碌的人越能体会到幸福感。大部分人所坚信的“不忙碌的状态才幸福”，恰恰与真实情况相反。

我想，大家都是在要做的事情太多，根本抽不出时间，特别想抱怨的时候，才会这么说的吧。我自己人生中最忙的事情：赶论文的时候、撰写书稿的时候，还有结婚的时候。这些忙碌的时刻，我都会劝导自己，这些正是让我取得难以置信的成果、收获成长的事情。因此，忙碌也可以看作一种积极的压力。

个人的兴趣爱好又怎么办呢？兴趣爱好不仅是令人愉悦的事情，也是产生精力与动机（想法、欲望、干劲）的源泉。例如，当下我正在为了完成书稿而拼命写作，这需要我集中所有的注意力与体力。就在如此繁忙的时候，上周我为了取得动感单车的教练资格，还特意停笔了一天。

那这是不是意味着我今后就想去教动感单车的健身班呢？答案是否定的。那么，为什么我还要抽空去做这件事呢？正因为我很忙，所以我需要通过拓展自身可能性的方式，让自己保持继续向前的热情。

换句话说，通过同时去做很多事情，我持续地接受刺激，从而完成更多的工作。

拖延也能提高效率

我还有个习惯，就是对必须完成的工作往往采取拖延战术，而我也已经学会了如何利用好这一习惯。一般我们在学习时间管理法时，肯定不会被教导“将应该完成的工作先放到一边”。但是，从我个人的情况来说，通过拖延的方式，我反而能更好地完成重要的工作。我将其称为“有效率的拖延”。

这种有效率的拖延，我是从斯坦福大学哲学系名誉教授约翰·佩里（John Perry）那里学来的。他曾说过，当工作清单中的某一项内容是让人有负担感的难题时，你就会发现其他那些必须完成的工作看起来更加“熠熠生辉”。除了最让你在意的那份工作外，其他的任务（工作）都可以视作一种休憩（休息），是让我们完成工作的绝佳动机。

对于特别容易有压力感的我来说，这种想法非常有参考价值。如果不是因为这一想法，那么对一些重要工作所采取的拖延态度，也许会让我一直被不安感所笼罩吧。有效率的拖延就是能将这种负面情绪转变为工作的动力。

当我冥思苦想书稿的章节构成时，会开个小差想一想上课的内容，而这让我有一种被犒劳的感觉。当我为即将进行的演讲而感到不安时，会在头脑中想一想新学会的舞蹈动作，这也是我感到最幸福的时刻。即使在撰写本书的过程中，我也经常使用有效率的拖延。当我打算动笔时，取而代之的是用心理学课程的讲义来完成教材的编写。接着，再为了接下来的两个演讲预订飞机票，然后才开始思考本书最初的章节内容。而现在，为了完成本书的书稿，我也拖延了明天出差的行李打包工作。

以前，说起有效率的拖延，我往往会有一种罪恶感。因为我真的相信成功人士做事情从不拖延，从不会浪费时间。成功人士肯定会制订好合理的、精练的工作计划，并且照此行事，从容地完成所有的工作。也许的确有人是以这样的方式工作的，但是这完全不符合我自己的性格。

拖延反而能提升我的工作效率。当我将必须处理的工作向后拖延时，往往能想出最好的点子，想到最棒的科研项目。有效率的拖延已经成为我工作中一个重要因素。有效率的拖延之所以很适合我，原因就在于它能将应该去做的事情转变成想要去做的事情。通过有效率的拖延，能够缓解不安的情绪，让自己变得更冷静，所以这并不算是在浪费时间。

接受自己忙碌的状态，用有效率的拖延来管理时间，这样的方法并非对所有人都有效。它是我结合自己的个人特点与习惯而产生的，因此才会有效。

实际上，比起时间管理来，我更认为这是一种对性格的管理。有的人会愿意将介绍的各种方法都去尝试一下，也有的人会觉得这实在是很糟糕的一种方法。在本节课中，我主要想要告诉大家的是，你要清楚自己是如何工作的，什么才是你做事情的动机。总之，我们应该更加深入地了解自己。而说到自我了解的方法，其实并没有所谓的“正确答案”。

首先，请弄清楚自己是如何管理时间和体力的。并非要去找出能让自己成功的方法，而是要将重点集中在“怎样才能真正让自己工作得很有效率”上。同时，也要注意反思，是否会强迫自己采用与自身不匹配的效率提升方法。

例如，我原本就不具备做事有条理的性格。所以，堆积如山的文件和乱七八糟的书桌，反而能让我有工作的干劲。因此，我就没必要花时间去整理文件，或者保持办公室的整洁。但是，假如你是一个在整洁、美好的环境中才有干劲的人，那么整理书桌、打扫办公室这样的事情，肯定不会让你感到疲惫，相反还能增加你工作的积极性。

我并不是一个喜欢在工作与私人生活之间划分清晰界限的人，因此，即使将私人的时间都用在科研项目上，我也没觉得有什么问题。但是，也许你并不想将工作与私人生活混为一谈。假如是这样，也许你需要有一个完成工作的仪式，好让你明确今天已经做完的工作与明天该做的工作。通过这样一个仪式，让自己清楚今天的工作就到此为止了，因而自己将不再烦恼。同时，工作上的压力也不会带到私人生活中。我的仪式却有些不太一样，我会在一天的最开始进行这一仪式。当早上睁开眼睛还未下床之前，我会决定好今天想要完成的事以及最重要的事情是什么。这样一来，我就知道今天这一整天中，应该将自己的精力和注意力都集中到哪里。

我们每个人都是有差异的。所以，请注意发现适合你自己的工作方式，说不定会是我也从未想到过的。请大家多多去尝试。即使日程表已经安排得满满当当的，也请找个机会好好分析一下自己工作的方式和习惯。倒不是让大家评价自己当天的工作清单是不是全都完美地完成了，而是要去思考“自己的工作清单是否能反映自己的生活方式”“是否能反映自己真正想做的事情”。

Lesson 1 要点

时间管理法则

法则 1 凡事都未必要做到尽善尽美

>>> 具体的行动

▲重新审视要做成某事“必须这样做”的所谓“死规矩”。

▲在做事情时没必要被计划所束缚，也没必要让自己有紧迫感。

▲即使不去收拾、整理，也没问题。

法则 2 并非对时间进行管理，而是要对自己的性格与习惯进行管理

>>> 具体的行动

▲弄清楚自己是如何管理时间与体力的。

▲确认好自己工作的动机。

▲允许以自己的方式去工作。

▲要弄清楚自己的工作方式。

▲重新审视工作清单，看能否反映自己的生活方式。

例

· 如果是夜猫子，那就没必要在早晨处理重要的工作，即使在一天的晚些时候开始工作也没问题。

如果是夜猫子，可以利用早晨的时间来处理一些琐事，或者做做运动让自己放松。

法则 3 实践有效率的拖延

→除了最让你在意的那份工作外，其他的任务（工作）都可以视作一种休憩（休息），是让我们完成工作的绝佳动机。

>>> 具体的行动

▲将认为最重要的工作向后拖延，先完成其他工作。

▲要知道成功人士也并非都是按精确的计划去行事的人。

法则 4 忙碌也是一种积极的压力，自己要看开一些

→有研究成果显示：越忙碌的人越能体会到幸福感。

>>> 具体的行动

▲要知道“即使减少了工作量，也可能仍不会感觉幸福”。

▲要知道“忙碌作为一种适度的压力，也能让人有幸福感”。

▲当觉得时间不够用想要抱怨时，想一想“越忙越幸福”这句话。

千万不要做

▲凡事都期待完美。

▲总是优先考虑必须完成的工作。

▲在自己无法投入精力的时间段处理重要的工作。

▲总是对自己抱怨时间不够用。

Lesson 2
身体化认知：获得高效的精神状态

当我还是波士顿大学的学生时，曾经听过一门关于创造力的课程。有一天，那个老师在课上要求学生回想一下，自己最富有创造力时的样子。

他说："请大家都回想一下，自己注意力最集中，观察力也最强，同时最能创造出新东西的状态，也就是大家体验到那种'一气呵成的状态'时的感觉。"于是，我想起了自己在高中时作为一名美术生的状态。那时候，我会把大量的时间用在画画上，每天都闭门不出画到很晚，学习如何用绘制草图的炭笔、铅笔以及彩色粉笔来绘制肖像画，那真是一段快乐的时光啊。

然后，老师又说："请大家再好好回想一下，当你感觉自己最富有创造力的时候，你是什么样的装扮和姿势呢？"这个问题让我稍微感觉有些迷惑，但是接下来他所说的话，令我非常吃惊。他对我们说："请试着摆出与当时相同的姿势吧。"我环顾四周，同学们都已经开始按老师所说的去做了。

有的人站了起来，其他人则是挺直后背端坐着。还有的人开始在教室里踱步。有的人会突然趴到桌子上，双手的动作像是在写字或制作什么东西。

看来老师是很认真地提出这个要求的。我想起了自己每次画画到很晚时的样子，于是我将椅子挪开，俯身趴在了地板上。然后，就像我绘制肖像画时一直做的那样，用手肘支撑着我的整个身体。

所谓“创造力”就是内心的状态。摆出这些姿势的意义何在呢？据老师说，“所谓的‘创造力’，其实并非指某人拥有或欠缺的才能和个人素质。创造力其实就是一种内心的状态，要想实现这种状态，需要一定的辅助”。通过再现这些姿势，可以唤醒当时的记忆，从而帮助我们实现“当下的创造力”。

老师后来教导我们说：“再现那个时候（富有创造力的时候）所用的姿势，就是打开创造力之门的一把心理上的钥匙。”当我们遭遇瓶颈时，当我们犯拖延症时，试着以这样的姿势，再次处理同一项工作，或重启我们的思路。

实际上，通过采用这种激发创造力的姿势，我通过自己的身体，切实体会到了老师所言的正确性。虽然横躺在教室的地板上，算不得是一件令人愉悦的事情（最后还要花时间打扫教室的地板吧），但是这样的姿势，的确立刻让我拥有了自由且解放的心情，同时灵感也开始涌现出来，让我很明晰地做好了处理工作的心理准备。

想好一个经典姿势，才能提升效率

虽然这件事已经过去了十几年，但是那次课堂上的记忆，仍留在我的脑海里。原因就是这个方法真的很有效。虽然横躺在地板上这个动作不具实用性（有时还会让脖子和后背感到疼痛），但对我来说，这是能开启创造力的经典姿势。当我需要转换思路时，当我计划开设新课程时，当我撰写书稿的初稿时，我都会将地板打扫干净，然后采用这个创造力姿势。我会将笔记本电脑丢到一旁，重新用回手写的方式，就像学画画时一样，在大白纸张的素描本上，用记号笔进行书写。当我需要制作幻灯片、输成绩、进行编辑工作时，我会在书桌上用笔记本电脑工作。但是，当我需要进行某些创造性的工作时，我更愿意让自己的身体横躺着，然后伸展，再伸展。

想要创作些什么时，应该换个方法

“富有干劲的内心状态，能够帮助我们去完成所有该做的工作。”——人们常常认为，只要拥有这样的思维模式（心态），就能提升工作效率。实际情况是，能让我们完成工作的思维模式是有差别的，而这取决于你是否想要创作些什么。像“制作详细的报告书，以及进行定量分析的计算”，或者“创作诗歌，以及仔细地思考复杂问题”，这两者就是完全不一样的内心状态。前者需要的是将所有杂念都屏蔽的内心状态，而后者则需要能自由地放飞思绪，即一个放松的内心状态。同样地，当我们需要灵感，就公司的管理理念进行远大设想时，需要的是能进行抽象思考的思维模式。如果是要严格按照商业计划来管理公司的收支，这样做就没有任何帮助了。这种情况下，我们更需要的是能进行具体思考的思维模式。

让我们感觉没有动机、进入了瓶颈期、想不出任何好点子的原因有很多，其中，有些是没办法轻易解决的。但是，面对我们不得不去完成的工作时，我们可以尝试换个思维模式。不要责怪自己没有迅速地完成工作，可以通过改变身体的姿势和外部环境的方式来改变自己的思维模式。心理学家将此称为“身体化认知”(身体的状态以及动作给认知带来的影响)。研究显示，包括身体的姿势在内，特定的身体感觉能够产生特定的内心状态。

通过研究证明的“身体与内心的关系”

也许大家都听说过，“身体化认知”最为人所熟知的一个例子，就是美国哈佛大学商学院的艾米·库迪（Amy Cuddy）副教授所进行的“能量姿势”研究。她通过研究证明“像双臂伸直举过头顶，把腿跷在桌子上，身子倚靠在椅子上这样‘打开身体的姿势’，能够将无力感转变为自信”。这种自信，能够改变我们身处压力之中时的表现。

库迪副教授还与她的哈佛研究团队一起做了这样一个实验：让一部分被测试者在接受面试前的几分钟里，尝试一下打开身体的姿势（“能量姿势”），而另一部分被测试者则只是采用普通的姿势。结果，参与面试的雇主认为，使用“能量姿势”的人，明显比那些使用普通姿势的人表现得更有能力，被雇用的可能性也更高。研究者们甚至发现，这一部分被测者，无论男女，其体内的睾丸素（一种男性激素的名称）水平都有所上升，而这是生理学上与自信有关的一项观测指标（由于文化的差异，在各个国家中能够带来自信的最佳姿势也会不太一样。在美国把脚跷在桌子上，身体倚靠在椅子上的姿势，是有效的“能量姿势”之一。但是在中国、日本和韩国，挺直后背站立、手臂下垂端坐会更有效果）。

库迪副教授的研究还显示，在工作时使用电话，或者手中握有小型的机器，这样的姿势会让人有受拘束和封闭的感觉，不利于人们建立自信。而使用配有大尺寸显示器的电脑进行办公的人，则会表现出与之相反的效果。也许是因为这让被测试者的姿势变得更加开放了吧。采用不同的身体姿势，是通过身体来影响精神的一种方法。而“身体化认知”，则与物理空间的感觉有关。当你的身体受到某种限制时，内心必然也会受到影响，你的视野也会因此改变。

例如，美国明尼苏达大学卡尔森学院（商学院）的研究团队就提出，天花板越高，越能唤醒人们创意、抽象的思维。而在户外散步也能起到与“高天花板下”同样的效果。另外，像传统单间那样狭窄、封闭的空间，则能有效地唤起人们的具体、缜密、细致的思维。

因此，宽敞的空间有助于我们思考较宏大的问题，有助于催生出新的点子。反过来，将房门紧闭、戴上耳机这样的简单行为，能让我们更加集中注意力。这种行为，就像躲在茧中一样，使我们获得一种物理上的感觉——将所有令人精神不集中的事物都屏蔽在外。

运用“身体化认知”，改变心境，提升效率

通过运用“身体化认知”，我们可以实现在任何状况下都拥有能提高效率的内心状态。本节课的一开始，我介绍的大学时期老师让学生所做的练习，就是一个这样的例子，也是大家都可以试一试的好方法。注意力、身体的耐力、协调性、创造力等，对你来说无论理想的思维模式是什么，都属于某种特定的、有效率的工作模式。而当你想要获得这种状态时，就请试着去回想一下过去你处于这种状态时的样子。

而且，请想一想，自己记忆中的哪个部分是可以被再现的？身体的姿势算是其中的一种，但并不仅限于此。研究显示，香味、

声音等也都可以是提升效率的“开关”，让我们的工作表现更上一层楼。即便你经验中的某一部分是无法被再现的，仅仅是回忆当时的情形，也有助于你获得相应的思维模式。

当我接触到教授创造力的老师，以及“身体化认知”的研究后，我也将这项技术部分地融入了我自己的授课和工作中。我会尝试各种各样的姿势，在我们能够控制的部分职场环境中进行实验。几名一直在狭窄空间中工作的学生，非常喜欢Coffitivity.com 这个网站，因为那上面会一直播放咖啡馆的环境录音。而咖啡馆则属于与提升效率有关的物理空间（相关的研究已证实了这一点。美国芝加哥大学的研究显示，人们在咖啡馆、茶馆听到的声音能够提高工作效率，并且更容易激发工作中的创造力）。

我也特别喜欢听音乐。当需要特别集中注意力工作时，我就会选择听爵士乐或电子乐（在迪厅里常用电子合成器演奏的一种音乐风格），而我会一直保存这些音乐的播放列表。当我写书时，一定会听这些音乐。因为音乐响起时，能帮助我切换到工作模式。

这个方法并非能让所有工作都提升效率的万能药。它不能帮你减少工作清单上的项目，也无法保证让你想出突破性的好点子，更不可能将无趣的职场变成理想中的职场，但是这个方法是利用科学原理、实现心态转变的一个绝佳例子。让自身的这些小变化转变为你的工作动力。

这样的内心状态，可以让大家面对任何不得不去完成的工作时，都能欣然接受。而且，你也会知道该怎么去做。如果说职场环境、工作模式的某一部分是可控的，那么你将能更好地掌控这一部分。

Lesson 2　要点

能提升效率的姿势法则

法则 1　改变身体的姿势

→双臂伸直举过头顶的姿势能够打开我们的身体，让我们更有自信。这种姿势也被称为“能量姿势”，可以有效地让我们展现更好的工作状态。

何谓“能量姿势”

→由哈佛大学商学院的艾米·库迪副教授提出。她将能够带来力量的姿势称为“能量姿势”，并且研究证明“能量姿势”能够使无力感转变为自信。

▲通过身体姿势的改变，可以改变我们的思维模式（内心的状态）。

▲采用“能量姿势”，能够使生理学上反映自信的睾丸素水平有所上升。

>>> 具体的行动

▲在美国，将脚跷在桌子上，身体倚靠在椅子上算是一种“能量姿势”，而在中国、日本和韩国，挺直后背站立、手臂下垂端坐会更有效果。

法则 2 采取和过去"富有创造力时"相同的姿势

→通过再现你富有创造力、不断冒出好点子，即过去最佳状态（一气呵成的状态）时的姿势，来唤醒当时的记忆，从而打开创造力之门。这被称为"创造力姿势"。

>>> 具体的行动

▲当你遭遇瓶颈时，当你犯拖延症时，采用这种创造力姿势。

例

· 我自己的创造力姿势，就是横躺在地板上。当我计划开设新课程时，当我撰写新书的初稿时，我都会将地板打扫干净，然后躺下。当我需要进行某些创造性的工作时，我更愿意让自己的身体横躺着，然后伸展，再伸展。

法则 3 尝试改变物理环境

→户外或者天花板很高的宽敞空间，适合思考宏大的问题，有助于催生出新的点子，而密闭的空间则能有效地唤起具体、缜密、细致的思维。

>>> 具体的行动

▲到户外散散步，或者进入宽敞的空间，尝试改变我们身

处的环境。

▲不仅可以改变身处的环境（场所），播放一些背景音乐也能起到同样的效果。

例

· 当需要特别集中注意力工作时，我就会选择听爵士乐或电子乐。

千万不要做

▲无论是从事创造性工作的时候，还是像写报告书那样要求细致性的时候，都采用同一个姿势、在同一个空间里工作。当你想要创作什么时，采用的姿势和方法都应有所改变！

Lesson 3

如何提高动力：获得满足的心理动机

“那个人做事没有干劲”——这是我们常会听到的一句话。有时是上司对没有业绩的部下说的，有时是家长对子女说的，有时我们也曾这样自言自语过。“没有干劲”听起来好像干劲（心理动机）真的已经被用完、用尽了似的。

干劲的“有”“无”全是假象

对于所谓的“干劲”，很多人都觉得这是一种要么存在，要么不存在的东西；其会在有或者没有这两种状态之间转变，抑或是一种可以被用完、用尽的东西。然而，在心理学上认为，“所谓的‘干劲’，并不是某一种东西，也不存在被耗尽的情况”。这是因为人们总会怀有强烈的欲望和干劲。

之所以没有干劲，是因为没能找到具体的方法

当我们抱怨工作没有干劲时，大部分情况下，是因为没有找到能够满足自身强烈欲望和心理动机的具体方法。因为我们内心

的欲望得不到满足，所以就会感觉缺乏工作的动力。

下面列出的这三项，属于所有人都拥有的最基本的、积极的心理动机。

①关联性

感知自己与他人、集体或者重要目标之间的关联。

②自主性

能够自由地做出可以决定人生质量的行为或选择。按照自己的心意做出的行为或选择，如果正好与重要的工作保持一致，将会有助于目标的达成。

③熟练程度

知道自己有能力处理手头的工作，并能够做出贡献，自身的知识和进步能够让个人感到满足。

当这些心理动机得到满足时，人们就越发能体会到幸福感，甚至身心也会更加健康，自己的人生也得到了满足。当我们从事的工作有助于满足这些欲望时，我们就会感到充满了干劲。

这种最基本的、积极的心理动机能够使人变得更加坚强。而与之相对的，在满足这些动机的过程中，也有可能会遇到障碍。这就会使我们产生相反的欲望，如想逃避令自己不快的事情、想马上让自己获得满足等。这是基于原始的生存本能而产生的想法，会让我们不再关心与满足根本需求相关的宏大的意义或幸福，而是将焦点集中在某一瞬间的痛苦或喜悦上。

当我们在工作上感觉没有干劲时，大部分情况下，是因为感觉自己的某一项或多项基本欲望受到了工作的妨碍（阻碍）。因为最基本的心理动机没能得到满足，所以“反方向的冲动”就会变得更加显著，如想让自己轻松一点儿、想马上让自己获得满足等。如果我们没有找到让自己体验关联性、自主性、熟练程度的方法，那么内心的那种“不想付出不必要的努力，想要逃避压力”的想法就会变得越发强烈，想要逃避令自己不快的事情、想让自己的快乐最大化的原始冲动就会占据首要位置。我们常说的“没有了干劲”，很多时候指的就是这样一种状态。

星期一的早晨，害怕出门上班，内心烦躁不安，宁愿将时间花在一些让人消遣的事上，最后导致工作拖延。

相对地，当我们感觉工作上付出的努力和承受的压力，至少能够满足“最基本的、积极的心理动机”中的某一项时，那么就能够忍受这项工作。不仅如此，我们还会觉得这是一份有意义的工作。实际上，当最基本的欲望得到满足后，身体内将会释放某种特殊的能量，我们会感觉身体更有活力，心态也更加乐观。而这也是大多数人在抱怨没有干劲时，所欠缺的一种能量。

如果我们的工作、职场环境、同事关系能够满足自我能力、与他人的关联、自主性等方面的欲望，那固然是最理想的状态。

但是，这未必一定能实现。没有干劲的人几乎都会表示自己所处的职场无法满足自己的欲望，他们会感觉被同事孤立、受到不公正的对待、因为办公室政治而意志消沉等。还会觉得自己被支配、被严格地管理，而那些根本没有选择余地的政策和手续让自己感觉到被束缚。抑或自身遇到的挫折以及毫无长进的体验，也会使其心烦意乱。在工作中，最基本的心理动机都得不到满足的话，就会变成一个大问题。但是，这与没有干劲是完全不同的两回事。而且，面对这些欲望得不到满足的状况，我们并非束手无策。

问题并不在于干劲不足，只有当我们意识到必须找到可以满足自己欲望的方法，才能解决真正的问题。因为即便我们对工作感到不满，仍可以通过改变对工作的看法、改变工作方式等，让自己的欲望得到满足。

使用“重塑工作”的方法

其中一种方法，就是“重塑工作”（指主动将被迫去做的工作变成值得去做的工作的一种方法。员工们将自己的关注点与特长运用到工作的改造中，这样能有效地提高工作的积极性，并高质量地完成工作）。

“重塑工作”的目的，就是增进满足感，让贡献度最大化，从小处出发改变自己的工作。这种改变可以针对你所从事的工作，也可以是你的工作方式。从工作清单上的安排到 IT 技术的运用，再到打算与谁共度时光，我们需要对自己分配时间的方式做出一些改变。此外，还包括对职场环境做出细微的改变，如整理我们的办公区域、为特定的工作寻找新的作业场所等。

一项关于“重塑工作”的调查显示，当人们对工作的看法发生转变后，更容易催生出有意义的变化。具体来说，改变对工作以及职场人际关系的看法，也是让我们有意识地去满足前文所述的三项最基本的心理动机的一种方法。

关于工作，我们可以用接下来的三类问题来进行自问自答。如果我们能给出其中一类问题的答案，那么我们将会更有干劲、更有动力。如果三类问题都能回答上来，我们对工作的看法就将发生改变。

让人重获干劲的三类关键问题

①在职场中，你最看重的人际关系是什么？为了进一步深化这种关系，你能够做些什么？

此外，仔细思考职场人际关系的方法还包括：寻找能深入了解同事的机会、指导新人、协助工作上的伙伴等。

②在工作中，哪些目标、愿景、宏大的计划在支撑着你做出个人贡献？

换句话说，回复邮件、提交报告、统计数字、参加会议……你在做这些事情的时候，背后的理由是什么？特别是对于那种压力很大，但又很平凡而琐碎的日常工作。想清楚这个问题，能够提高你在职场工作时的积极性。

③自己的职业规划是什么？打算如何发展自己的事业？能以最快的速度实现这一目标的方法是什么？

回答这些问题的关键，就是要进行具体的思考。一旦我们做出了选择，就要让自己做到最好。不管是沟通、交流也好，还是时间分配也好，抑或是团队管理也好，我们要在每天的工作中寻找让自己学习和进步的机会。为了让自己变得更好，我们可以给自己设定目标和课题，而不必特意去得到上级的认可。事实上，当我们有了一个清晰的目标，希望通过工作来磨炼自己，想要更加上进时，我们就会得到来自周围人的支持。

关于关联性这一点，我特别推崇“重置思维模式（想法）”，这是我的一个从事监察工作的学生教给我的。

她的大部分工作，就是去各种职场，监督员工们是否严格遵守规章制度和法律法规。结果，她发现自己每到一处，员工们都对她抱以敌视的态度，这让她对自己的工作失去了干劲。

于是，她重新审视了自己的角色定位，觉得应该是为了让这些职场的员工履行好自己的职责，而去帮助他们遵守相关的规章制度和法律法规。当她真的这样做了以后，收到了令人吃惊的效果，自己不再被视作“敌人”，而更像是一个助手。其他人接待她的方式也发生了改变。更加令人吃惊的是，他们比之前更加信任她了，还会主动透露一些应该改正的违规事项。

她感受到了比之前更为强烈的职场关联性。不仅如此，其与被监察单位的员工的关系也发生了变化，工作更容易开展下去了。另外，自己在熟练程度方面也得到了满足。由于自己能够帮助他人成功地实现目标，使其收获成长，她意识到自己是有能力的，是能够为他人做出贡献的。同时，她的学识和进步也让自己得到了满足。

Lesson 3　要点

提高干劲的法则

法则 1　干劲的“有”“无”全是假象

→在心理学上认为，“所谓的‘干劲’，并不是某一种东西，也不存在被耗尽的情况”。人们总会怀有强烈的欲望和干劲。

所有人都拥有的最基本的、积极的心理动机

①关联性

感知自己与他人、集体或者重要目标之间的关联。

②自主性

能够自由地做出决定人生质量的行为或选择。按照自己的心意做出的行为或选择，如果正好与重要的工作保持一致，将会有助于目标的达成。

③熟练程度

知道自己有能力处理手头的工作，并能够做出贡献，自身的学识和进步能够让个人感到满足。

法则 2　没有干劲，是因为没能找到具体的方法

→当我们抱怨工作没有干劲时，大部分情况下，是因为我们没有找到能够满足自身强烈欲望和心理动机的具体方法。因为我们内心的欲望得不到满足，所以就会感觉缺乏工作的动力。

>>> 具体的行动

▲要知道“关键是要找到可以满足自己欲望的方法”。

→通过改变对工作的看法、改变工作方式等，让自己的欲望得到满足。

法则 3　使用“重塑工作”的方法

何谓“重塑工作”

→主动将被迫去做的工作变成值得去做的工作的一种方法。

员工们将自己的关注点与特长运用到工作的改造中，这样能有效地提高工作的积极性，并高质量地完成工作。

>>> 具体的行动

▲对我们正在做的工作进行细微的改变。

例

· 改变分配时间的方式。

· 整理办公区域。

· 为特定的工作寻找新的作业场所。

法则 4　改变对工作的看法

→为了达成目标，没必要让自己一个人单打独斗。将我们的目标告诉关心我们的人，这样我们将获得帮助与鼓励。

>>> 具体的行动

▲重新思考工作以及职场的人际关系

→对于让人重获干劲的三类关键问题，给出具体的答案，从而改变我们对工作的看法。然后，无论我们做出什么选择，都要让自己做到最好。

让人重获干劲的三类关键问题

①在职场中，你最看重的人际关系是什么？为了进一步深化这种关系，你能够做些什么？

此外，仔细思考职场人际关系的方法还包括：寻找能深入了解同事的机会、指导新人、帮助工作上的伙伴等。

②在工作中，哪些目标、愿景、宏大的计划在支撑着你做出个人贡献？

换句话说，回复邮件、提交报告、统计数字、参加会议……你在做这些事情的时候，背后的理由是什么？特别是对于那种压力很大，但又很平凡而琐碎的日常工作。想清楚这个问题，能够提高你在职场工作时的积极性。

③自己的职业规划是什么？打算如何发展自己的事业？能以最快的速度实现这一目标的方法是什么？

千万不要做

▲感觉没有干劲，就好像干劲（心理动机）真的已经被用完、用尽了似的。

Lesson 4

学会停下：摆脱上瘾的惯性

我最开始接触推特（Twitter）网站，还是在 2009 年 5 月。我至今还记得，在那不久后的某天晚上，我坐在家里的沙发上，不停地滚动鼠标，刷新着推特账号上的状态列表（其会按照发布时间列出最新的分享状态）。每隔几秒钟，就能刷出一大堆新的状态，以及推荐点击的网络链接。于是，我就这样一直浏览，看着这个世界上有趣的人发布其所做的趣事。

在刷新这些信息的过程中，我产生了一种被急忙催促着的感觉——与其说是一种乐趣，不如说是一种不得不继续刷新的冲动。这是一种混合了兴奋与催眠的奇妙感觉。等我注意到时间时，已经是半夜三更了。也就是说，我在刷新和点击上面花了近两个小时。

大脑的回报机制被操纵了

我之前就知道，互联网或社交网络等技术具有令人成瘾、产生依赖的特性，而技术者和设计师们都会有意地将这种特性最大化。但是，前文所写的我使用推特的经验，是我第一次真正体会到这种强大的吸引力（魅力）。在此之前，像脸书（Facebook）和一些游戏都没能吸引我，包括斯坦福大学的学生告诉我的一些“用于打发时间”的事情，也都没能让我沉迷其中。可是，推特不一样，它以理想的方式融合了以下三大要素：对下一次将会刷出来谁的最新状态的好奇心，对大脑的刺激，以及意想不到的结果所带来的快感。

就像互联网和智能手机等所有能让人沉迷的东西一样，我所沉迷的“推特状态”也被巧妙地设计成可以操纵的“大脑内的回报机制”（当我们的欲望得到满足时，或者预感自己能够得到满足时，让大脑体会到快感并变得很活跃的一种神经系统。也被称为“多巴胺神经系统”）。当我们看到诱导我们去点击的推荐链接（哪怕内容很无聊，也会起一个很吸引人的标题来诱导你去点击）时，当你在玩类似《糖果粉碎传奇》（*Candy Crush*）这样的解密游戏时，大脑中的多巴胺水平就会升高，让我们难以抵抗这种打发时间的事情的魅力。

多巴胺会夺走你的注意力

多巴胺是一种能夺走你的注意力，或者让你感觉即将获得满足（其实未必能获得满足）的脑化学物质。一旦被多巴胺分散了注意力，你就会特别想要去做那些能促进脑内分泌出多巴胺的事情，而且会想要反复地去做，对于那些事情表现得非常执着。这样一来，你就会变成无意识地用手指滚动刷新的状态，就跟那时的我一模一样。或者是关不掉电视、放不下手机、不停地在网上发信息、不停地玩游戏等状态。

一旦停下这样的行为，你可能就会感觉到一种不安和紧迫感。这并非一种正面、积极的欲望，而是更接近恐慌和窘迫的感觉。而且，这也不是单纯的偶尔为之、让自己散散心的消遣方式，而是变成了真正的上瘾、依赖，所以肯定无法让我们得到满足。如果不能摆脱这种诱惑，我们就会一直想去做。原本始于快乐的事情，结果却变成了毫无乐趣的冲动、被胁迫的一种欲望。

那么，当我们意识到自己在这些科技（互联网或社交网络）上耗费了太多的时间，而忽视了重要的工作、现实生活中的人际交往以及其他重要的活动时，怎样才能打破这种恶性循环呢？

注意养成想要停下的习惯

想要停下的习惯，就是指无论对什么事情，都要关注其过程以及是如何成瘾的等方面。那么，我们要在何时运用这一习惯呢？“想刷新社交网络上的状态”这样的欲望，带给我们的是一种什么样的感觉呢？

太过习惯的话，会不会就放不下手中的电子产品呢？是什么让我们玩太久游戏、看太多的视频呢？就像吃了太多以后，大脑会感到满足，然后发出“不要再吃了”的命令吗？还是说，取而代之是另一种可能？

为了弄清楚自己在做什么，我们有必要给自己设定某种规则（无论是什么样的规则，想要去遵从它都不是一件简单的事情。不过，我们还是要去设定规则，这将有助于我们逐渐改变自己的习惯）。请思考，自己将如何改变与这种浪费时间的行为之间的关系呢？

在接触诱惑之前，想好一件重要的事

下面介绍我的很多学生尝试过并取得成功的一种方法，那就是每天一大早，在接触最具诱惑力的互联网或社交网络之前，先想好一件很重要的事。这里所谓的“重要的事”，可以是喝杯茶、做会儿运动、看看新闻，也可以是在自己埋头于社交网络的世界前，先去和伙伴或室友聊聊天。

设定计时器

还有一个可以尝试的规则，那就是设定一个计时器，以此来限制自己沉迷的时间。例如，用手机里的闹钟设定好时间：就玩十分钟怎么样？即使到时间停不下来，至少也能让我们意识到“自己在编造借口”“在这一过程中，自己已落入了圈套”。

在使用推特时，我给自己定的第一个规则，就是要改变使用的方式：不再像以前那样无节制地不停刷新了，而是集中在某一时间段内进行，并且也会限制自己，只把时间用来浏览而不回复。

当然，这并不是说只要不在工作，就是在浪费时间。要想让自己从对浪费时间的较高成瘾性事物的依赖中解脱出来，关键是要找到让自己休息的好方法。

我非常感兴趣的认知心理学领域有一种注意力恢复理论。这一理论认为，注意力是一种有限的能力和精力，需要定期对其进行补充。当我们长时间集中精力忙于某项工作时，我们处理事务的能力就会变得低下。这时，正确的做法就是必须让自己休息。通过休息，我们的注意力可以重新得到恢复，并且能比之前更加精力旺盛地投入工作中去。例如，澳大利亚墨尔本大学进行的一项研究表明，只需要用短短 40 秒钟的时间进行眺望自然风景的短暂休憩，我们就能恢复注意力，从而在一些要求细致的工作中表现得更好。能够帮助我们恢复注意力的行为，还包括身体运动、集中注意力进行呼吸、冥想等。此外，看一些令人发笑或者产生敬畏、怜爱之心的视频（如可爱的小动物），也是一个不错的选择。

遗憾的是，比起这些能恢复注意力的事情，我们往往更愿意去做一些打发时间的事情，而这些都是会分散注意力、令人感到筋疲力尽的事情。本来应该去欣赏大自然、锻炼身体、体会积极情感的时候，我们却选择了去上网、玩社交网络，或者是打游戏等能够刺激多巴胺分泌的事情。也许你会觉得刷新社交网络上的状态、玩游戏，能让自己放松心情，但结果往往是因此变得毫无干劲，没法再发挥出自己的能力。这就像大多数人的习惯一样，想要恢复体力却选择了去吃对身体有害的快餐，原本想要放松却选择了饮酒。很多时候，我们的状态会变得比之前还要糟糕。

当然，对于真正具有破坏性的事情，我们在上面耗费的时间越多，越沉迷其中难以自拔，就越能感觉到自己的精力和幸福感被透支了。这就是对“上瘾、依赖”的定义。但是，由于这种诱惑的魅力实在太大，致使我们不能从这种体验或教训中得到反思，反而继续相信这种令人产生依赖感的事物或者目的能让我们的心情变得更好。正因为如此，你如何控制自己的注意力就显得尤为重要了。当对这种即将获得回报、褒奖或者满足的关联产生怀疑时，你就能在这种诱惑面前控制住自己了。以我自己来说，当我越发注意到推特具有耗费时间的特性时，就越容易改变自己与推特之间的关系。

45 分钟工作，15 分钟享乐

十几年前，当我还是斯坦福大学研究生院的一名学生时，我去参加了一次有关“时间管理的研讨会”。其召开的目的，是帮助那些想取得博士学位的学生更好地完成他们的毕业论文。我在这次研讨会上听到了一个非常棒的建议。当时，研讨会的主席说道:

“对于那些不得不去完成的课题，无论是多是少，你都会感到时间不够用。所以，不如以 45 分钟为一个单位进行工作。然后，把这一个小时里剩下的 15 分钟拿来享乐，去做一些让自己内心得到满足的事情。”

我还记得理科专业的学生在这场研讨会上认真地讨论：“到底什么事情，才是能让自己感到快乐、让内心获得满足的呢？”对于他们提出的问题，研讨会的主席也无法给出答案。就像让人产生依赖的情况一样，这也是需要细心关注才能发现的。不过，这的确是让我们就“浪费时间的事情”展开思考的一个好问题。如果我们不能把时间都用在更有意义、更有乐趣、更能带来满足感的事情上，那么我们就更难抗拒可以让我们打发时间的互联网或社交网络等科技的吸引力了。以我自己来说，做运动、听音乐、冥想是能让我恢复注意力的最有效方式。从外面散步回来后，我就有了想写文章的欲望。冥想 15 分钟，能让我更加集中精力备课。在上课前，我会听自己喜欢的音乐，这能激发出我的才能，让我在讲台上发挥得更好。

当我们针对“打发时间的行为”制定规则时，也要考虑到取而代之的，我们能从中获得什么。什么事情能带给我们喜悦？什么事情是我们真正想去做的，并且能让我们真正获得满足，能让我们清晰地感觉到有一种就到此为止的限度？什么样的事情能让我们恢复注意力，而不是消耗注意力？

Lesson 4 要点

摆脱上瘾、依赖状态的法则

法则 1 养成想要停下来的习惯，关注是如何成瘾的

→观察自己是如何变得上瘾、依赖的。

>>> 具体的行动

▲注意自己是何时上瘾的。

▲当这种依赖变成习惯，注意自己是如何难以放手的。

▲观察自己想去做那件事的欲望，是如何产生的。

法则 2 制定适合自己的规则

→为了弄清楚自己在做什么，我们有必要给自己设定某种规则。这能使我们不得不注意这件事情，并将有助于我们逐渐改变自己的习惯。

>>> 具体的行动

▲每天一大早，在接触最具诱惑力的互联网或社交网络之前，先想好一件很重要的事。

例

· 做运动。

· 喝杯茶。

· 与伙伴或室友聊天。

▲设定计时器（限制自己的时间）。

▲限制自己在推特这样的社交网络上只看不写。

法则 3　休息休息

→要想让自己从对浪费时间的较高成瘾性事物的依赖中解脱出来，关键是要找到让自己休息的好方法。通过休息，我们的注意力可以重新得到恢复。

>>> 具体的行动

▲ 40 秒钟的短暂休憩。

例

· 只需要眺望自然风景，我们就能恢复注意力，从而在一些要求细致的工作中表现得更好。

▲身体运动（如散步等）。

▲集中注意力进行呼吸。

▲冥想。

▲看一些令人发笑或者产生敬畏、怜爱之心的视频（如可爱的小动物）。

法则 4　45 分钟工作，15 分钟享乐

→以 45 分钟为一个单位进行工作。然后，把这一个小时里剩下的 15 分钟拿来享乐，去做一些让自己内心得到满足的事情。

如何发现“让自己内心得到满足的事情”

▲思考“什么事情能带给我们喜悦”。

▲思考“什么事情是我们真正想去做的，并且能让我们真正获得满足，能让我们清晰地感觉到有一种就到此为止的限度”。

▲思考“什么样的事情能让我们恢复注意力，而不是消耗注意力”。

千万不要做

▲认为玩游戏、刷新社交网络上的状态，能让自己放松心情。

▲长时间集中精力做一件事情（这会导致处理事务的能力变得低下）。

Lesson 5
如何有效地制定目标：从微小的行动开始

新年伊始，很多人都会给自己设定个人或工作上的目标吧。不过，大部分人可能很快就放弃了自己的目标，或者设定的根本就是一个错误的目标，还有的是在制订达成目标的战略时，遭遇了失败。

我曾经花了很长时间来思考：如何尽可能地利用好人们想要设定新年目标的这种本能（强烈的意愿）？下面列出的四项要点，可以帮助你设定更有意义、更有效果的新年目标。

理想的“新年目标”，应该具备以下四个特征。

设定理想的“新年目标”的要点

①思考新的一年里“打算获得怎样的成长”

在设定目标时，无论是工作上的还是个人的，我们都很容易将目标定为取得某种成果，例如晋升或者在工作上的具体业绩。但是，由于这种“成果”属于我们无法控制的范畴，所以如果我们过分聚焦在这种事情（做出成绩）上，就会让自己偏离了正确的主题。

最好是将这种成果理解为是对自己有意义的某种形式，如自身的改变、收获成长等。不要想着做出什么成绩，而是问一问自己想要像谁一样、要变成一个怎样的自我。当我们的头脑中总是反复浮现出某个特定的成果时，就可以问一问自己：需要经历怎样的过程，才能做到那一点？为此需要做出什么样的选择？最好再强化自己的哪一部分？

②在思考“是什么”之前，先想想“为什么”

好的目标必然与具体的行动挂钩。也就是说，你为了接近某个目标，需要采取某些具体的行动。不过，在开始这一行动之前，你最好先弄清楚其意义所在，也就是自己为什么要这么做。

请尝试从“为什么”开始问起。为什么想要做出那样的改变呢？为什么想要达成那样的目标呢？像这样反复问自己“为什么想那样做”，把这作为一种轻松、有益的练习。

假如，针对这个问题，我们第一个想到的回答是“因为想调动岗位”。那么接下来，我们就可以问自己：“为什么想要调动岗位呢？”如果回答是“与目前的岗位相比，感觉这个岗位会有更多晋升的机会”，我们就可以尝试继续追问：“为什么想要获得晋升呢？”

就这样，一直反复地进行自问自答。大部分人会从“为什么”

中，最终引导出“是什么”的答案。例如，想要做出更大的贡献，或者想要获得自我肯定、新的经验，或者是应对挑战的能力、想让自己更加自由、想过上更稳定的生活等。

我们要一直追问“为什么”，直至最终无法再问出“为什么”为止。这样一来，目标背后所隐藏着的理由就会显现出来。研究证实，当我们弄清楚了想要寻求这种变化是基于某种深层次的心理动机时，我们与目标之间才会形成更加紧密的联系。不仅如此，半途而废的情况也将大大减少。

③设定具体的行动目标

为了达成目标，有必要从大大的“为什么”中引导出小小的“是什么”。能够反映内心的想法，同时又与目标相一致的具体选择或行动是什么呢？我们可以尝试从这样的小事做起。

当不知道具体该怎样做才能实现目标时，我们就会感觉心急如焚，因为我们想象不出眼下正在做的事情与想要实现的目标之间存在着什么样的关联。贸然迈出一大步的话，有可能会让自己筋疲力尽，精神上有挫败感。

如果我们真的不想偏离新年目标的话，最好能告诉自己，先从踏出接近这一目标的最小一步开始做起。这里所说的“一小步”应该仅限于“今天你要做的事情”中的一项。请选择与你大大的梦想相契合的“一小步”，哪怕这会让你感觉做得还不够。也许那只是你今天花十分钟时间就能完成的事情，但这将有助于你达成目标。

从小事着手的精髓，就在于我们要认识到哪怕最初的一步做得还不够，也没关系。只有先从这一小步开始做起，才有可能让自己迈出一大步。小小的行动，往往能带来大大的机遇。

④接受周围人的帮助

有时，我们会在自己力所能及的范围内设定新年的理想、抱负或者个人目标。但是，要知道达成目标未必只能靠自己一个人的力量。一旦确定了目标，请好好想一想：我们将能获得哪些帮助？需要哪些信息和能力？哪些事情能够帮助我们实现这一变化(目标)？例如，我们是否需要为此参加某项研修课程？

我会和我的亲朋好友（我最重视的人）交流自己的目标。将新年目标告诉那些关心我们的人，这样他们才能给我们提供最大的帮助。在接下来的一年里，他们将会给予我们支持。想一想，谁是你人生中能给予你帮助与鼓励，甚至有时还与你并肩作战的人?

今年，我在事业上的主要目标，就是希望我的工作能够获得我所尊敬的、在这个世界上最希望得到其认可的组织或个人的关注。这是我回顾过去几年来，最有意义、最让我有满足感的工作经历后得出的结论，于是我将其设定为自己的目标。对我来说，能够启迪他人（通过对话向对方荐言，促使其自主成长）就是对我最好的“报酬”。差不多五年前，我将掌握启发他人的能力当作新年的目标，而这也是我今年设定目标的原因之一。

对我来说，这么做的最大理由，就是能够帮助信任我的人，这将是一种莫大的快乐。而今年，我的思维模式（想法）将从以前面向学生的传统启迪手法，转变为做一个帮助某个组织或项目壮大起来的角色。

我为达成这个目标而想出的行动，就是通过演讲或接受采访来接触自己心仪的团体，并以很自然的方式吸引他们的关注。这是我所能做到的微小的行动，而且每次这样做时，都会很享受这种实现目标的感觉。

这种微小的行动将有助于实现更大的目标。例如，将自己对某个团体的想法，通过采访和演讲发表以后，我就接到了该团体的邀请：希望我能积极地参加他们的活动。而且，通过为该团体提供有关领导管理方面的建议，我也实际上扮演了一名导师的角色。

对于新的一年（明年）的工作目标，我还没有想好，但是我很享受这种思考的过程。我知道只要找到正确的理由，并决定好至少一项小小的行动，就能以有意义的方式让自己收获成长。

在设定新年目标前要做的五件事

在设定新年目标之前，为了纪念过去的一年，同时也为进入下一年做准备，我喜欢进行几个特别的仪式。这并不等同于“设定新年目标的仪式”。实际上，这些仪式将会帮助你设定更有意义，也更容易实现、更充满希望的新年目标。

①包括意想不到的困难在内，列出过去一年中最好的回忆与成绩

有研究显示，回忆自己的成绩，将能增强我们未来的忍耐力与意志力。即回顾过往，从而增进未来的幸福感。

在思考将来的目标时，我们往往会将重点放在过去自己未能做成的事情上。请对自己多一点儿自信。我们要对自己更宽容一些，并坦诚地回顾自己的人生，这样会发现其实也做成过很多事情。当认识到自己的进步后，面对新的一年，我们才会更有干劲。

我今年的目标之一，就是完成下一本书的稿子，眼下我已经完成了这一目标。回想起一年前，面对这个目标我所表现出的胆怯，我会对新的一年（明年）的计划保持乐观的态度。

②列出人生中的感恩清单

跨年的确是一次绝好的机会，让我们思考自己人生中想要做出的改变。但是，为了想清楚目标，我们需要具备更好的思维。

为此，我建议你先试着列出人生中的感恩清单。实际上，你会惊讶地发现，这份感恩清单也将会变成你新的一年（明年）的“愿望清单”。这能让我们明确对自己来说什么才是最重要的事情，我们也将更清晰地知道将来想要成为什么样子。

③想象新的一年（明年）里的重要计划

请列出新的一年里你最期待的五件事，其中既可以有让自己离梦想更近的事情，也可以是日常生活中值得期待或可预见的小事。有研究表明，对未来的期待，以及享受乐趣的能力，也是人们精神健康的一部分。

就我自己来说，我特别期待能为商学院的新班级授课——我认为这将是一次富有创意和乐趣的挑战。同样地，我也很期待帮助朋友筹备她的“Baby Shower”活动[①]。此外，我还想着明年的某个时候能再去一趟日本！

④站在后年（下一个新年）的 1 月 1 日，让“未来的自己”给“现在的自己”写信

请试着站在已经达成新的一年（明年）最大的目标的立场上，想象自己正在回顾过去的一年。在信中，对于为达成新年目标而

① 并非指给婴儿沐浴，这是起源于美国的一种文化，是为准妈妈送去“阵雨”般祝福的活动。——译者注

完成了所有必要工作的“现在的自己”，我们要表达具体的感谢。或者，让已经变得更加聪明的“后年的自己”，给“现在的自己”提一些建议。

某项研究显示，通过这种形式让自己与“未来的自己”之间发生联系，能够帮助我们推进艰难的改变，并成功地达成目标。

⑤新年目标中也可以包括与他人相关的内容

谁说新年的目标就必须是关于自己的内容？希望大家能承担起超越小我的某种责任，如以集体活动为代表的各类活动，都可以是很重要的事情。对于你打算支持的团体，可以选择向其捐款。或者，将更多的时间用在重要的人际关系上，也可以参加一些你感觉比自我更加重要的活动。

我明年的一个目标，就是要加强与动物救护团体之间的联系。为此，我希望能去做志愿者，或者以别的形式，定期参加这些组织的活动。

Lesson 5 要点

设定新年目标的法则

法则 1 思考新的一年里“打算获得怎样的成长”

→不要将目标设定为取得某种成果，例如晋升或者提高工作上的业绩，而是要问一问自己“想要成为怎样的自我”。

>>> 具体的行动

▲不要只关注成绩，想一想要经历怎样的过程才能实现这一目标。

▲不要只关注成绩，想一想自己的哪个部分还需要强化。

法则 2 在思考“是什么”之前，先想想“为什么”

→在开始达成目标的行动之前，最好先弄清楚其意义所在，也就是自己为什么要这么做。反复地追问自己“为什么”，这样才能让目标背后所隐藏的理由，即想要寻求变化的深层次的心理动机显现出来。

>>> 具体的行动

▲如果以晋升为目标，就问一问自己“为什么想获得晋升”。

法则 3 设定具体的行动目标

→如果在一开始就贸然迈出一大步，将会让自己感觉筋疲力尽。先从一小步开始做起，才有可能迈出一大步。哪怕这“一小步”是你今天花十分钟时间就能完成的事情。

>>> 具体的行动

▲即使你认为“最初的一步做得还不够”，也没有关系。

法则 4 接受周围人的帮助

→达成目标未必只能靠自己一个人的力量。将新年目标告诉那些关心我们的人，这样才能从他们那里获得帮助与鼓励。

千万不要做

▲将晋升、业绩提高等“达成某种成绩”设定为目标。

在设定新年目标前要做的五件事

>>> 具体的行动

▲包括意想不到的困难在内，列出过去一年中最好的回忆与成绩。

▲列出人生中的感恩清单。

▲想象新的一年（明年）里的重要计划。

▲站在后年（下一个新年）的 1 月 1 日，让“未来的自己”给“现在的自己”写信。

例 假设明年是 2019 年

· 站在 2020 年 1 月 1 日的立场来写这封信。想象着“2019 年（明年）‘最重要的目标’已经达成了”，而我们在回顾已过去的一年。在信中，对于为达成 2019 年的目标而完成了所有必要工作的“现在的自己”，我们要表达具体的感谢。或者，让已经变得更加聪明的“2020 年的自己”，给“现在的自己”提一些建议。

▲新年目标中也可以包括与他人相关的内容。

02

成长认知力

你想要做出多大的变化和改变？
然后问一问自己：
为什么会期待这种改变？为什么想要达成这个目标？

Lesson 6

找到“自发型动机”：把目标变为现实

在有关意志力的研讨会或讲座开始之前，我总是会向参与者指出一个非常重要的概念，那就是，期待做出改变与实现改变的意志是不同的两码事。人们往往单纯地将期待做出改变与能将其实现的心理动机相混淆。

也许你会觉得不可思议吧，难道期待做出改变不能算是正确的动机吗？为了达成改变自我的目标，我们需要期待着自己做出改变啊。事实的确是这样的，但是，仅仅这一点还远远不够。我们还需要有正确的欲望和期待。这里指的是当你想要轻言放弃的时候，能够给你力量让自己坚持到底的那种欲望和期待。

心理学家们花了很长时间，想要弄明白“为什么有的人能达成目标，而有的人则会中途放弃”。

其中，有研究者采用的方式是问这些人“为什么想要做出改变”。结果，从他们给出的回答中获得了重要的信息。

这里，我们就以“定期做运动”这样一个目标为例。也许这也是来参加意志力研讨会的学生们都曾设定过的一个目标。而很多人给出的理由是“想让自己多运动”。下面，我们就列出的这些理由进行思考。

①如果定期使用公司的健身房，就能获得公司发放的补贴或奖金（很多美国企业会尝试制定这样的激励政策）。

②对自己的体形缺乏自信，为了增强自尊心而想要减肥。

③觉得自己的外表非常重要，希望通过运动的方式获得周围人的认可和称赞。

④很重视健康，希望通过运动让自己更加健康。

⑤特别崇拜运动员和健身爱好者，自己也想成为那样的人。希望通过严酷的训练，增强自己的体能。

⑥以前很喜欢运动（或者是舞蹈、瑜伽），现在想让自己再一次体会那种快乐。

真的是有各种各样的动机啊！你觉得，哪一项才是想要做出改变的最有力的理由？换句话说，你认为最能帮助他们贯彻“想让自己多运动”这个目标的，是哪一种动机呢？反之，哪一种动机是最弱的呢？

“自发型的动机”引导出的欲望，更能让人实现愿望（目标）

其实，对于上面的问题，答案已经出来了。研究证明，回答

④⑤⑥理由的人，要比回答①②③理由的人，更容易达成“定期运动”这样的目标。

因为④⑤⑥这三种理由，在心理学上被称为“自发型的动机”。

这种心理动机不会让人产生自卑感，也不会寻求被周围人认可这样的“外部回报”。它表现出的是一种渴望做出改变的强烈欲望。对自己来说，什么才是重要的大事？想要成为什么样的人？怎样做才能向目标更近一步？——其反映出的都是这样的内容。

当我问学生们为什么想要定期做运动时，回答最多的都是②和③这样的理由。实际上，不想让自己再感到自卑、想获得称赞、想得到认可等这样的欲望，是学生们想要做出改变的共通的干劲与动力。这也就是我会在一开始就要求学生们探寻期待改变的理由、寻找能帮助实现这种变化的心理动机的原因。也请各位读者通过这样的方式来好好思考一下自己心中的目标。

请就自己的目标进行思考——你想要做出多大的变化和改变？然后问一问自己：为什么会期待这种改变？为什么想要达成这个目标？

将心中浮现出的理由都写下来，然后看看其属于哪一类心理动机。

思考“为什么想要做出改变”的要点

■是希望获得称赞、金钱、晋升这样的“外部回报”吗?

■是否会将“不想让自己再感到自卑”的想法放在第一位呢?

■是希望获得他人的认可吗?

■是基于从长远的眼光来看能提高生活质量的心理动机吗?如提高对健康、幸福以及工作的满意度等。

■这种动机与你想要提升自己积极、肯定的自我意识或天性有关系吗?这种改变能反映出你的内心“想要成为什么样的人”吗?

■这种改变会对你的幸福产生影响吗?例如,这种动机能让你感到享受或有乐趣吗?能让你和重要的人或团体共度一段时光吗?

如果你想要做出改变的动机属于后三项中的某一项的话,那么这种改变实现的可能性就会很大。无论最初的回答是什么,我们都能培养出实现这种改变的心理动机。

接下来,就后三项的内容进行分析,你所期待的改变——

①能改善你的生活质量吗?

②能反映出你的内心“想要成为什么样的人”吗?

③其本质上是让你觉得有价值、有乐趣的事情吗?

真正有价值的改变，应该能满足上述这三个动机中的至少一个才行。理想的情况是能满足两个，或者你想要做的事情（改变）与这三个动机全部吻合。

这里给大家介绍参加斯坦福大学意志力讲座的一个学生的例子。她和其他大部分人一样，将更频繁地做运动设定为自己的目标。

面对我的提问，她最初给出的答案是，对自己的体形感到自卑。在此之前，由于自己的体重一直增加，导致体形走样，她对自己感到很失望。

我意识到，仅仅基于这样的动机，将很难帮助她达成自己的目标。也许她对于想要做出改变是有着强烈期待的，但是要想让自己全力投入运动中去，仅仅有这一点还不够。

我建议她再想一想其他的动机。于是，她开始注意到“想要做出改变”这件事，其背后有着更为积极的理由。

例如，她真的很关心自己的健康状况。之前，她只是将运动视为让外表变得更好的方法，但是这样的想法会使其忽视了所有的训练也都是自我健康管理的行为，是对未来的健康和幸福的投资。她回想起了自己在健身房上团体健身课时的快乐——这让她感到自己属于这个集体，大家都很享受一起跳操的乐趣。定期参加这种课程，她也感到了与其他人相互间的支持。所有这些都是让她喜欢的原因。

最终，她意识到其实喜欢的是“运动时的自己”。不仅仅是为了瘦下来，自己将来也想当一名舞者，所以才会这么爱运动。同时，她也希望自己能成为家人的好榜样。

她实现了自己的目标——实际上，目前她已经报名参加了我的团体健身课！（教授舞蹈和瑜伽，也是我的爱好之一。）

因为她找到了更加积极的心理动机，所以通过运动得到的好处将会变得更多。她比以前更享受运动，自己在运动上投入了更多的时间，这让她获得了充分的满足，心情、活力以及身体的健康也都变得更棒了。假如一直都是最初那个动机，也许就与这种“改变自我”的动力无缘了吧。

倾听自己的心声

所有值得投入时间与精力的目标，一定都是基于这样的心理动机。要发现这种动机，需要我们倾听自己的“心声”。如果通过认真地自我剖析，仍找不到这种动机，那就说明这也许不是一个正确的目标。这也是学生向我反馈的重要信息。

想要做出的改变未必全部转化成实际行动，要实现至关重要的改变，需要的是智慧和勇气。

Lesson 6　要点

培养将目标变成现实的心理动机法则

法则　好好思考一下自己的目标——为什么想要做出改变？

>>> 具体的行动

▲问一问自己：为什么想要做出改变？为什么想要达成这个目标？

▲将心中浮现出的理由都写下来，然后看看其属于哪一类心理动机。

思考“为什么想要做出改变”的要点

①是希望获得称赞、金钱、晋升这样的“外部回报”吗？

②是否会将“不想让自己再感到自卑”的想法放在第一位呢？

③是希望获得他人的认可吗？

④能改善你的生活质量吗？

⑤能反映出你的内心“想要成为什么样的人”吗？

⑥这种改变是让你觉得有价值、有乐趣的事情吗？

→如果你的内心想要做出改变的强烈动机，属于④⑤⑥中的某一项的话，那么这种改变最终实现的可能性就会很大。

千万不要做

▲为了得到称赞、金钱、晋升等这些“外部回报”，而想要让自己做出改变。

▲为了让自己不再感到自卑，而想要让自己做出改变。

▲期待从他人那里获得认可，而想要让自己做出改变。

Lesson 7
自己设定成功标准：我们无法让所有人满意

我们一直被教导“不要太在意别人是怎么想的”。

史蒂夫·乔布斯（Steve Jobs）曾经给出过“当今时代的建议”，那就是：不要被他人意见的噪声所干扰，从而听不到自己内心的声音。泰勒·斯威夫特（Taylor Swift）也在她的歌词里写道：“充满敌意的人，只会不停地谩骂。”①

但是，人的一种本能就是会很在意别人是如何看待自己的。实际上，人的大脑中存在着被心理学家称为“社交认知的系统”，其作用就是让我们不断地思考他人在想什么。

特别在意别人的看法，将会成为我们获得成功和幸福的障碍

特别是，我们对于来自他人的评价会表现得十分敏感。我们渴望得到他人的认可，因为这种被信赖的感觉将给我们带来自信。被批评时会垂头丧气，被拒绝时则会痛苦不堪。即使你想无视这种本能，也肯定会以失败而告终。

① 出自 *Shake It Off*（《甩掉》），美国女歌手玛丽亚·凯莉演唱的一首歌曲。

但是，如果特别在意别人的看法，又会成为我们获得成功和幸福的障碍，下面这两种场合就是很常见的情况。

其一，特别害怕得不到他人的认可，所以，为了避免与对方发生冲突，哪怕是真正正确的事情也刻意不去做。

其二，希望自己给大家留下坚强、有能力、聪明的印象——担心自己脆弱的一面会呈现出来，所以害怕做决定或拿主意。过于在意他人的看法，将其摆到了过分重要的位置上，以至于自己最终陷入困扰之中。例如，坚信来自他人的负面评价都是真实且重要的，而对于自己应该去做的事情，或者能够去做的事情，则认为“那些在意我的人更清楚吧”。

这种“特别在意”的心情，都源自希望能融入集体的基本欲望。这种欲望如果特别强烈并渗透到我们的内心深处，就会让原本应该关注的社交反馈与我们渐行渐远了。

例如，此前我曾参加过一场以能源产业的管理层为对象的领导能力开发活动。当时，有一位女经理向我讲述了其被任命为新团队领导时的经历。

作为一名在男性占主导的行业中工作的女性，她怕上级领导认为自己不够强势。因此，她一“履新”，就采取了与以往完全不同的做法，采用了非常严格、丝毫不讲情面、十分严厉的管理措施。

结果，她的团队士气大落，项目也停滞不前。于是，她收集了来自团队成员的反馈意见，其中有人表示她的做法令人不快，而且形成了一个充满敌意的职场环境。

面对这些反馈，她不得不思考自己到底更看重哪一方的意见。是应该继续努力，不惜采用各种方式来提升自己在领导眼中的形象（为了不让领导认为自己很弱势，所以要“扮演”成一个强势的领导者），还是倾听这些真实的、直接的反馈意见，改变自己的做法，使团队的运作更有效率？

她选择了后者。结果，被领导评价为“不仅真的很强势，而且是很有想法的领导者”，还得到了表扬（不管怎么说，能够听取批评意见，为了整个团队而改变自己当下的做法，的确是很值得称赞的）。

我们该怎么做才能不被无关紧要的意见所左右呢？怎样才能利用好在意他人看法所带来的好处呢？

正确关注他人看法的方法

①要接受一个事实，那就是“我们无法让所有人都满意”

相较于其他人的看法，某些人的意见则显得更为重要。我们时常会很在意这些人的看法（例如，亲朋好友、重要的导师等）。即便特别渴望得到这些人的认可，我们也要明白，他们不一定会拥有与我们同样的目标或价值观。

例如，迄今为止，我听到的最糟糕的一个建议，来自斯坦福大学的一名指导教师。当时，我刚开始授课没多久，他看到我在教学方面投入的热情，便这样提醒我："最好别把时间都花在教学上，这会影响你搞科研。对于出版研究成果这样'真正的大事'来说，这只会消耗你的时间和精力。"

在此之前，我还是很在意这个人是怎么看我的。不过，在听完这个建议以后，他对教学方面的看法，对我来说已经变得不那么重要了。我并未选择在"如何利用时间"这个问题上得到他的认可和承认，我宁愿选择去追求自己内心的目标。

特别亲近的人互相之间的目标也可能会不太一致。虽然他们都希望你能过得幸福，但是与此同时，也可能希望你不要轻易改变，最好过上符合他们期望的生活。

还是以我自己为例，从我祖父母那一代开始算起，我可能是家族中第一个搬出费城生活的人。当我决定去上波士顿的大学时，家里人最初都是一片愕然。当然，更可怕的是，我后来又决定到距离我出生、成长的地方约 3000 英里（约 4800 公里）的斯坦福大学念博士课程！

虽然我能理解家人的想法，但是更相信自己的直觉。我所选择的道路，其实与整个家族所共有的教育价值观是保持一致的。如果为了避免争论而留在离家很近的地方，我可能会因此失去很多机会（更为重要的是，我选择的道路，现在也得到了家人的支持。这件事证明了人的意见都是会变的，只有相信自己才能有所回报）。

②不要就“是否该去追求目标”而征求意见，而应就“如何达成目标”去寻求建议

他人的看法往往会成为我们重要的信息来源。在企业里，几乎没有谁是能单枪匹马把一个项目做成功的。当我们的人生面对重大问题时，肯定也需要来自周围人的帮助，毕竟我们可能也有一些自己都无法注意到的“盲点”，如束缚着我们的一些先入为主的观念或者缺点等。

当我们想要完成某件大事时，不去寻求他人的建议，才是最愚蠢的做法。他人的意见对于我们来说，是非常有帮助的。特别是，针对你正在挑战的事情，你的朋友或同事反而更能看清楚整个事态的发展，所以他们提出的意见是很有益的。

我们可以将自己的理想和抱负分享给他们听，同时，也可以将工作中遇到的一些纠纷与其进行沟通、交流，试着让他们帮助我们找到实现理想和抱负以及让我们内心不再担忧的最佳方法。如果我们打算改变自己的人生，最好不要就“这个想法到底好不好”向对方征求意见，而应向对方寻找帮助，以找到实现这一想法的最佳方法。

③所有重要的目标中，都应设定一个属于自己的成功标准

怎样才能弄清楚我们所从事的就是自己渴望的工作（想做的事情）呢？如果知道对自己来说什么才是重要的事情，那么我们将很容易从他人的反馈中找到是否满足这一标准的征兆。

例如，作为一名教师，我不仅要传授学问和知识，还希望通过我的课程给学生的人生带来积极而正面的影响。我的目标之一，就是能刺激学生固有的习惯、观点和思维方式，或者向他们抛出疑问。因此，在上课的过程中，我就不能太在意学生们是不是会感觉不愉快。

实际上，在所有的课程中，我都清楚地知道哪些主题、练习和课题会让学生产生抵触情绪。我能预想到会让学生产生抵触情绪的主题、练习和课题都是什么，也能预想到在课后收到他们发来的抱怨和不满的邮件。这种对我或者我的课程暂时的不满，其实也属于教学的一个环节。学生一时的不满，并不会成为我停止授课的理由，我也不会因此变成最差劲的老师。其实，一部分学生抱有不满，恰恰说明了我的成功——比起总是让学生们满意和开心来，这显得更为重要。如果我每次上课时都相信所有的学生才是正确的，那么为了满足他们，我不得不拼命去讨好他们，这将与我设定的“能够带来改变的课程（为了产生改变而进行的授课）”这一目标大相径庭。

这里所介绍的方法并不能缓和别人对我们的能力表示怀疑时，

我们的内心会有痛苦的感受，也无法抑制内心涌起的“想让自己表现得更加强势”的想法。但是，它能让我们更好地去应对他人的看法。而且，当我们的判断与别人的想法不一致时，能给我们相信自我判断的自信心。

Lesson 7　要点

正确应对他人看法的法则

通过下面的三个法则，我们可以在自己的想法与他人的想法不一致时，获得相信自己看法的自信心。

法则 1　要接受一个事实，那就是“我们无法让所有人都满意”

→即便特别渴望得到某人的认可，我们也要明白，他所看重的事，对我们来说未必重要。

法则 2　不要就“是否该去追求目标”而征求意见，而应就“如何达成目标”去寻求建议

>>> 具体的行动

▲不要就“这个想法到底好不好”向对方征求意见，而应向对方寻求帮助，以找到实现这一想法的最佳方法。

法则 3

所有重要的目标中，都应设定一个属于自己的成功标准

千万不要做

下面这两种情况，会让在意他人的看法变成你获得成功和幸福的障碍。

▲特别害怕得不到他人的认可，所以，为了避免与对方发生冲突，哪怕是真正正确的事情也刻意不去做。

▲希望自己给大家留下坚强、有能力、聪明的印象——担心自己脆弱的一面会呈现出来，所以害怕做决定或拿主意。过于在意他人的看法，将其摆到了过分重要的位置上，以至于自己最终陷入困扰之中。

Lesson 8

成长型思维：斯坦福大学学生成功的关键

美国的硅谷，作为诞生创业家的“摇篮”，在全世界范围内都一直备受瞩目。而向其输送人才的，则是地处硅谷中心地带的斯坦福大学。

斯坦福大学的学生成功的秘诀是什么呢？答案就是他们“不畏失败的姿态”。

不要害怕失败——这是斯坦福大学教给他们的思维方式，而在几乎所有新兴企业都会遭遇失败的硅谷，这已然成为其创业文化的原动力。包括斯坦福大学在内，整个旧金山湾区[①]都崇尚“从一切经验中学习”的哲学思想。要想登上成功的高峰，像“敢于面对风险”“生于忧患，死于安乐”“直面失败，勇往直前”这样的信念是必不可少的。

① 旧金山湾区：美国加利福尼亚州第二大都会区，是世界上非常重要的高科技研发中心之一，象征着21世纪的科技精神。著名高科技研发基地“硅谷”即位于湾区的南部。——译者注

通往成功的钥匙，就是成长型思维模式

换句话说，斯坦福大学教给学生们的是一种成长型思维模式(扩张的知识观)。最早提出“成长型思维模式”这一概念的，是斯坦福大学的心理学家卡罗尔·德韦克（Carol Dweck）教授。所谓“成长型思维模式”，就是指通过自我挑战的方式来激发自己潜能的一种思维模式。当我们面对困难时，也正是收获成长的绝佳机会。即使失败了或者没有达成目标，也并不意味着自己无能或实力不足，回过头来好好地反省，才是通往成功的必经之路。

虽然成长型思维模式可以给我们带来很多好处，但实际情况是，大部分人的思维模式却属于德韦克教授口中的固定型思维模式（固定的知识观）。

妨碍成长的固定型思维模式

所谓“固定型思维模式”，就是不认为自己具备某方面的能力、知识或才能，而且坚信这些都是固定不变的。

拥有固定型思维模式的人，如果考试成绩很糟糕，会认为是自己原本就没有这方面的能力。当遭遇挫折时，这类人几乎都会选择放弃，转而去寻找其他的能马上获得成功的事情。其人生的目标就是寻找自己所擅长的领域，并且避免遭遇失败或不那么辛劳。

德韦克教授的研究显示，具有成长型思维模式的人，往往更能经受住困难的考验，更能发现工作的意义，并且更可能收获长期的成功。

入学之初，很多学生都有“鸭子综合征”

也许这会让你大感意外：斯坦福大学的学生在入学之初，很多也都是固定型思维模式的人。他们从出生之时起，就一直被周围人夸奖聪明、有才华、与众不同。如果一直沉浸在“比他人优秀”的夸赞声中，人们就不愿意再去面对风险了。

这些学生之所以能考入斯坦福大学这样的一流学府，基本上是因为其一直以来追求尽善尽美的结果。但是，等到真的进入斯坦福大学以后，这种思维模式（心态、思维方式）将无助于他们未来开拓更多的可能性。在大学学习期间，他们需要有机会弄清楚自己能做什么。

为此，“不怕辛劳，甚至不畏失败”的姿态，就显得尤为必要了。

为了培养学生们的成长型思维模式，斯坦福大学常常会向学生们介绍有关斯坦福“鸭子综合征”的内容。

“鸭子综合征”并非某种可怕的病毒，而是在斯坦福大学新生中蔓延的一种思想。这种思想之所以有害，主要在于以下两个特点。当这两点同时发生时，就会妨碍成长型思维模式的形成。

其一，就是坚信获得成功，或者以优异的成绩毕业才是最重要的。其二，就是坚信“不能让周围的人看见自己为了成功而拼命努力的样子”。

“鸭子综合征”得名于鸭子在水中游泳时的状态。水面之上，我们看到的是鸭子轻松地游来游去，但在水面之下，则要拼命地扑腾，让自己一直前进而不会沉下去。

在进入斯坦福大学以后，学生们的所作所为大多也像水中的鸭子一样：表面上看似很沉着、自信满满，但是内心拼命想要追赶上周围的人。

多年前，斯坦福大学曾被某大型在线网站评为“全美学生压力最大的大学”。

主要原因就归结于“鸭子综合征”。

不过，“鸭子综合征”并不只是在斯坦福大学的学生群体中蔓延，而是全美国知名学府的学生中普遍存在的一种思想。很多刚刚走进大学校园的学生，其之前的人生一直都在接受着一种训练，即尽自己所能向周围人展示优秀的一面。这种避免失败的想法，反而会成为一种阻力，迫使他们选择“不去挑战其他的可能性”。当他们将“避免将自己的努力和辛劳展现给外人”当作自己的目标时，往往也就离成功渐行渐远了。

虽然“鸭子综合征”并非斯坦福大学所特有的，但校方还是打算采取措施来解决这一问题。例如，学生在接受新生入学教育时，就会被告知这种现象的存在，同时还会教育他们要从挑战或失败中学习，这才是斯坦福大学的学生应该具备的素质。此外，还会鼓励学生们不要试图掩盖自身的问题，要能心平气和地就该问题进行讨论和交流。

斯坦福大学通过寝室管理、同年级学生间的辅导、学校职员的培训等各种方式，让成长型思维模式在整个大学校园中成为一种氛围。

当站在讲台上时，我也会尽可能地将成长型思维模式融入我的教学中。在课程的前期阶段，我会有意识地制造机会，让学生们体验到失败。例如，明知所有的学生都会给出错误的答案，但我还是让他们就某项实验的结果进行预测。而在面对这些错误时，我的反应并非责备，更多的反而是兴奋和雀跃。我希望他们都能体会到心理学是如何改变我们的世界观的，而这门课程将是接受这种改变的一次机会。我努力将这种对错误的“热情”尽可能地传播给所有人，让他们都能掌握这种可以催生出新想法的思维模式。

我会让学生们思考课上所学的内容与自己人生中实际遇到的问题、困境有何关联。例如，最近我就在所教授的心理学课堂上引入了“压力科学”的内容。每周开始上课前，我都会让学生们谈一谈“与课堂或教材中所学到的知识有关的体验”。比如，有没有将课上所学到的思想运用到自己的生活中去？或者，生活中的哪些经验正好印证了上周课堂上所提及的内容？抑或，有没有哪些经验是与这些内容相互矛盾的？对于成长型思维模式来说，最重要的是你要相信“这能给自己的人生轨迹带来影响”。因此，我会将一些心理学的实验作为作业布置给学生们，让他们提交相应的结论给我。

例如，上周的教学中，我就要求学生们尝试去再现克服不安情绪的研究结果。这项研究原本是美国哈佛大学商学院的学者做的，其证明了身体的姿势能够对人的情绪和生理等方面产生影响。我将可以有效地缓和不安、增进自信并减少压力激素分泌的“姿势”，教给了学生们。（各位读者也请尝试一下，如端正坐姿，或者笔直地站立，两臂以放松的状态垂于身体两侧。）

而在这周的课堂上，我就请了几位将这一研究结果运用到自己实际生活中的学生，并让他们分享自己的感受。有的学生还将这一姿势教给了自己在短道竞速游泳队的朋友。这项试验对于成长型思维模式的培养有两个重要的意义：首先，通过这项试验，让学生敢于去挑战并非自己固有的习惯或自己所擅长领域的事物；其次，让他们认识到在自己的人生之路上，未来的确存在着很多种可能性。

这些对于以前的我来说，也是必须学会的事情。15 年前，当我考入斯坦福大学心理学研究生院时，同样也不是一个具有成长型思维模式的人。在此之前，我是美国波士顿大学的一名优等生

（最高学分），大学四年间一直都保持着 A 的平均成绩，毕业时还获得了两个学位（大众传播学与心理学学士）。

但是，终于进入斯坦福大学开始博士课程的学习时，和其他很多新生一样，我内心充满了不安的情绪。这种不安主要源于害怕自己与这样的知名学府不相匹配，害怕会犯错误或暴露出自己的水平，从而让周围的人认为我配不上这所学校。

斯坦福大学的很多学生都会很自豪地穿着印有校徽的 T 恤或运动衫去上课，或者走在校园里，而我却对是否要购买带有校徽的商品感到犹豫不决——如果自己的学业不顺可怎么办呢？要是不得不中断博士课程的学习可怎么办呢？每次一想到这些，我就觉得将带校徽的衣服穿在身上，就像是古希腊人的傲慢思想一样，是自尊心和野心过度的一种表现。那时，我坚信“还是应该先认清楚自己，而自己与斯坦福大学的校徽似乎并不相称”。

“大失败”是成功之母

令人不可思议，不，也许是命中注定，研究生院一年级临近期末时，我的一次失败让我学会了成长型思维模式。

当时，整个研究室花了一年的时间，对搜集到的庞大数据进行分析，而研究室的助手发现了数据本身的矛盾之处。通过对数据文件的检查，最后确认是由于我一个多月前所犯的一个错误——将两份数据文件混合到一起导致的。

由于我的原因，让研究室此前所分析出的数据的可信度大打折扣。原本可以作为研究成果发表的观察结果，都变成了废纸。我不得不就这次的失误向项目的导师（提供建议、指导的人）汇报，这可能是我一生中迄今为止最痛苦的时刻了。因为，我觉得如果将如此重大的失误报告给导师，我很可能就会被判不及格，甚至被取消继续攻读博士学位的资格。

结果，导师对此事的反应，可以说是用实际行动向我展示了什么是成长型思维模式。他首先了解了我所犯错误的内容，并询问是否有修复问题的可能，然后做出了修复文件、重启项目的决定。同时，他还教导我说“不要回避错误，重要的是我们该如何应对它”。

他还说自己是研究生院的学生时，也曾犯过相同的错误，当时同样也害怕得不得了。

这是我进入斯坦福大学以来，第一次体会到成功并不需要尽善尽美。这带给了我极大的帮助。

我不仅仅学会了怎样才能不再犯同样的错误，同时还学会了不应隐瞒自己的问题，要让事情朝着正确的方向发展，并对自己抱有体谅的心情。这才是从失败和错误中重新站起来的方法。

将数据文件弄混淆，并非我学业和事业中所犯的最后一个错误，但却是我思维模式的一个转折点。这就是斯坦福大学教会我的最重要的东西——成长型思维模式。

后来，我也当上了心理学专业的研究生导师，而这件事仍深刻地留在我心中。我教的学生也犯了与那时的我一样的错误。当时，他也很困惑于自己将实验数据弄混的尴尬错误，甚至对自己的研究能力也产生了怀疑。于是，我将自己差一点儿断送整个研究的悲惨经历说给他听。而且还告诉他，这样的经验是如何帮助我成长为一名研究学者的。

事后，他对我说："您应对错误的方式，也是对自己的一个崭新的发现。"

他自己也领悟了失败和错误并不是一切的终点，也不应是感到羞耻或名誉扫地的原因。所谓的"失败"和"错误"，只不过是让我们找出应对方法、采取最佳措施的一个契机而已。

我为传播了斯坦福大学的成长型思维模式而感到高兴。而且，当我发现自己失败的经历能够催生出另一种积极的结果，并让我朝着内心完美的导师更近一步时，我感到无比欣慰。

Lesson 8　要点

关键法则

法则 1　要学会成长型思维模式（扩张的知识观）

何谓“成长型思维模式”

→即通过自我挑战的方式来激发自己的潜能的一种思维方式。

由斯坦福大学的心理学家卡罗尔·德韦克教授提出。

>>> 具体的行动

▲即便失败了，也不要认为是自己能力不够。

▲直面困难时，要知道这是收获成长的绝佳机会。

▲不要后悔所犯的错误，而要更多地关心所犯错误的内容是否有修复错误的可能性。

法则 2　不畏失败，要抱有从一切经验中学习的态度

>>> 具体的行动

▲将挑战和失败都当作一个学习的过程。

▲要知道失败和错误只不过是让我们找出应对方法、采取最佳措施的一个契机而已。

▲将失败和错误视作产生新发现的机会。

法则 3　摆脱“鸭子综合征”的影响

何谓“鸭子综合征”

→表面上看似很沉着、自信满满，但是内心拼命想要追赶上周围人的一种状态。就像在水中游泳的鸭子，水面之上，鸭子看起来是在轻松地游来游去，但在水面之下，则要拼命地扑腾。精英群体特别容易表现出这种心理现象。

>>> 具体的行动

▲不要隐瞒自己的问题，要去应对这些错误。

千万不要做

▲固定型思维模式，坚信能力、知识、才能都是固定不变的，想要回避失败或不那么辛劳，而且将其当作自己的人生目标。

▲内心有想要回避失败的想法。

Lesson 9

打破“失败”的连锁反应：成长型思维模式

我至今仍记得，在对教师进行的学生评教中，我第一次遇到全部项目都得了“差评”这件事。

有学生从是否严格遵守时间到课程的结构是否合理，再到易懂程度、对学生的关心程度，几乎所有的项目中，都给我打出了最低的分数。面对这样的评价，我感到十分困惑：“明明我一直都是准时上课、准时下课，他们为什么还会在‘严格遵守时间’这一项里给出‘差评’呢？”这让我感到很受伤，因为在斯坦福大学的学生中，有人认为我是最差劲的教师，“恐怕我是他们迄今为止遇到的最糟糕的老师了吧”。

我最初的感受是“很羞耻”——我为自己把教学这件事看得很重而感到羞耻。整个学期，我都一直在努力，想着怎样让自己成为更称职的老师，但现在看来这显得很愚蠢。后来，我将所有的评价意见表都扔进了垃圾桶。

虽然这些反馈意见中，也有学生写了一些理解我的内容，还有的也打了很高的分数，但我的想法就是“即使有这些评价，又有什么意义呢”。当时，我的主要情绪就是“厌烦”，感觉自己全身都是污点。

这种特别苦闷的心情，让我不再愿意考虑教学上的事情。上课没有以前那样上心了，也不再要求学生填写评价意见表了。

虽然我从学生那里收到“差评”这件事已经过去十几年了，但是回想起来，真的就像是昨天才发生的一样。现在，我虽然已经明白，作为教师或写作者，收到不好的反馈（“差评”）不过是职业生涯中微不足道的一件小事而已，但当自己面对严厉的批评或者批判性的观点时，还是会觉得受到了伤害。

俗话说：“要消除一个批评的影响，得需要二十个称赞才行。”忘记“差评”，是一件很难的事情。你的思绪会一直围绕着它（“差评”），这会让你痛苦不堪，你的情绪也会被它支配。这种容易产生负面情绪的倾向，是人的一种基本心理。不仅是批评，当我们遭遇失败时，也是一样的反应。

比起成功和优点来，我们更关注的是失败和缺点

几乎所有的人，比起自己获得的成功来，更在意的是失败；比起自己的优点来，更在意的是缺点。某种意义上说，这种负面倾向有着其重要的作用，因为它能让我们更关注自己的成长，以及那些必须加以改正的部分。但是，如果被这样的想法影响，往往就会产生相反的效果。为了完成某项工作，我们需要有积极的

心理动机，而这种负面倾向带来的，是被称为“失败反应”的精神状态。

失败反应会给身心带来负面影响

失败反应，就是一种由失败和被拒绝的情绪引起的恶性循环。这种情绪会暗示我们：经历了这些不好的事情，我们需要重新思考“自己是谁”以及“能做什么”。也许还会迫使我们关注“那样做能带来什么结果”“有去做的价值吗”。除了精神层面外，失败反应还会在身体层面产生影响，让我们变得食欲减退、意志消沉，甚至还会让我们做出酗酒这样自暴自弃的行为。

当我们感觉内心苦闷时，就特别容易产生孤身一人的孤独感。例如，你也许会觉得所有人都比自己幸福，都拥有快乐的人生。

失败反应带来的主要影响，就是让你失去目标和对自我的认识，让你想要疏远那些让你感到失败和被拒绝的人际关系。一旦陷入失败反应的恶性循环，就不再有心理动机、希望，以及和他人交往的意愿。也想不出能够改善这一状况的行为，很容易选择放弃，或将自己封闭起来。

因批评或失败而产生的失败反应，会让人真的想做出改变。与此同时，又会让人失去想要做出改变的心理动机。

好消息是，即使身处这样的负面想法之中，我们也能从绝望和挫败感的恶性循环中挣脱出来，重新回到积极向上的良性循环的轨道上来。

首先，请想一想，为什么那很重要。当你特别在意时，批评或失败的经历就容易让你陷入失败反应的状态之中。如果你不是很在意，就不会引起如此严重的反应。

或者，即便自己很在意，但从长远的角度来看，这种遭遇也能让人获得成功和进步，我们就找到了让自己继续往前的方法。

当我们陷入恶性循环中时，首先冒出的想法就是不想让自己太在意这件事。因为很在意，所以才感到痛苦。因此，人们偏向于劝慰自己说“这没什么大不了的”。这样一来，就不会再在这件事上投入时间和精力了。结果就是让你离目标越来越远，离重要的人越来越远。

这就是失败反应最有危害的一面。大家可以想象一下，如果在十几年前，当我最开始收到学生的“差评”时，就自我开导说“不要太在意教学，别把这件事看得太重要”，结果会变成什么样子?

要想从失败反应中挣脱出来，最重要的是，不要试图去隐瞒或压抑自己很在意、很看重这件事的原因，而是要好好思考它。哪怕这会在一开始让你感觉痛苦，也要去做。

以我个人为例，当我收到学生的“差评”时，当有人对我的书提出批评的观点时，我所采用的“特效药”就是好好思考：自己多么想帮助学生达成目标？多么想鼓励我的读者？多么想进一步推广心理学的知识？多么想为处于困境中的人提供鼓励、提供信息？……

像这样，当自己的想法发生改变以后，将有助于我们把注意力从羞耻和丧失自信这样的负面情绪上转移开，从而重新获得积极的心理动机。

想一想，为什么觉得那个目标、角色、关系很重要

当我们感到挫败时，请想一想，为什么自己觉得那个目标、角色、关系很重要。例如，其重要性体现在哪儿？目前的状态下，想要怎么做？这样的思维能帮助我们将注意力集中在心理学家所说的“比眼前更大的目标”上。所谓“比眼前更大的目标”，就是指比获得称赞、回报这样的“个人成功”更远大的目标。

例如，为了在自己深耕的某个领域实现重要的使命，该做出怎样的贡献？对于自己很重视的团体，该如何给予支援？在你想要放弃时，如何能让自己继续坚持下去？如何才能让自己变成人际关系或职场上最想成为的那个人？请将你正在遭遇的状况视作让自己学习和成长的机会。

从失败中学习的想法，并非什么新的内容。之前，我在前文中介绍成长型思维模式的重要性时就提到过。成长型思维模式就是这样一种“催化剂”，它让我们认识到人有时会遇到困难，通过自己的努力以及周围人的支持，我们能够从挫折中学到东西。

然而，在我们遭遇挫折时，这种思维模式会显得特别有帮助。还有另一大原因，那就是它让我们意识到能从挫折和批评中学到什么，这也取决于我们自己的选择。

有时，不同的应对方式也能让我们从失败和反馈中学到一些必要的东西。例如，几年前，我曾和一名同事一起在斯坦福大学授课，而她是那种特别喜欢和学生们分享自己个人经历的人。在最后的“授课评价”中，有两名学生写道：“那位老师会与我们分享她的个人经历，这让我们觉得与她很有亲近感。”虽然我的授课内容也很通俗易懂，但学生们还是希望能再多了解一些关于我个人的事情。

这些学生的观点令我感到惊讶，我意识到自己从未思考过教学的另一面。虽然这些反馈意见最初让我感到有一点点失望，但是也激励着我开始思考如何拉近与学生之间的距离，以及思考在课堂上，除了要做到更加坦诚之外，还要做什么才能赢得学生们的信任。

我还特意跑去和那位同事进行了交流，就适合在课堂上分享的一些个人经历，询问了她的看法（多亏了这些学生的反馈意见，我才能如此轻松地将这件事写出来。要是放在几年前，这简直难以想象！因为公开学生对我教学的“差评”，我会觉得很羞耻）。

从反馈中能学到的，不只是“让自己如何成长”这一点，同时也能让我们了解到自己与他人之间的差别。这种差别并非指需要改正的缺点，而是我们可以去选择是否接受的一种差别。

例如，曾经有人就我写的一本自控力题材的书撰写了书评，批评书中的内容过于乐观。而我不断地鼓励读者的做法，也让这位书评家感到厌烦，他认为我属于典型的美国人。对于人们所具有的改变的能力，他明显持有比我更加悲观的看法。最后，他表示更喜欢其他作者写的意志力的书。

当看到这篇书评时，我的想法并不是自己应该学会更加愤世嫉俗的世界观。相反，这让我更坚信人都是有能力实现改变的——我意识到这是自己价值观的核心内容。哪怕其他人都不赞成，我也会从心底里相信这一点，这才是我认可的自己。因此，我决定不仅不会改变自己的乐观主义，而且还要在文章、演讲以及课堂上，更加鲜明地表达自己的这一看法。

说到从批评或失败中学习，还有其他一些有效的方法。例如，对于收到的反馈意见全盘接受，然后我们在做事时尝试采用新的做法。也可以寻求周围人的帮助与支持。可以将失败或被拒绝的痛苦当作让自己思考“什么最重要，重要的理由”的一个契机。

希望大家都能明白，负面倾向以及随之而来的想法、情感，并不会让你失去改变、成长、成功的能力。相反，你对失败的这种脆弱、敏感，恰恰是你具有潜力的一种表现。

Lesson 9　要点

打破恶性循环的法则

法则 1　不要隐藏你真实的情绪，要回忆起来

→当我们陷入恶性循环中时，首先冒出的想法就是不想让自己太在意这件事。因为很在意，所以才感到痛苦。因此，人们偏向于劝慰自己说“这没什么大不了的”。这样一来，就不会再在这件事上投入时间和精力了。结果就是让你离目标越来越远，离重要的人越来越远。

为什么自己觉得这个目标、角色、关系很重要？

当自己的想法发生改变以后，将有助于我们将注意力从羞耻和丧失自信这样的负面情绪上转移开，从而重新获得积极的心理动机。

>>> 具体的行动

▲当经历失败或挫折时，不要觉得这没什么大不了的。

▲为了从失败反应中逃脱出来，我们要思考：为什么那个目标、角色、关系很重要？

法则 2　将挫折、失败当作学习和成长的机会

→将你正在遭遇的状况视作让自己学习和成长的机会。这种成长型思维模式在你遭遇挫折或陷入恶性循环时，显得特别

有用。

法则 3 改变想法

→当受到批评时，尝试改变自己的想法，将有助于我们把注意力从羞耻、丧失自信这样的负面情绪上移开，从而重新获得积极的心理动机。而且，思考“为什么这个目标和自己的角色很重要”，能让我们将注意力集中到“比眼前更大的目标”上。

千万不要做

▲得到负面评价时，开导自己“这没什么大不了的”。

03

和情绪做朋友

如果感觉到压力，与其觉得生活出了问题，
不如把它当作你和有意义的工作、
人际关系、目标之间的关联。

Lesson 10 与压力做朋友

当我举办“与压力做朋友”的主题演讲时，我了解到只有29%的成年美国人认为自己能妥当地应对压力。此外，几乎所有的美国人都认为自己所感受到的压力对健康很不利。

例如，美国哈佛公共卫生学院在2014年进行的一项调查显示，85%的美国人认为“压力会给健康、家庭生活以及工作造成负面的影响”。在回答“自己感受到较大压力”的群体中，有74%的人认为“压力给自己带来了直接的伤害”。甚至，80%的参与调查者都表示“不认为压力能给自己的健康、家庭关系、同所属团体的关系等带来什么正面的影响”。几乎所有的美国人都表示自己会“努力去减小自己的压力”，而大多数人也表示“压力的程度不仅没有减轻，反而每年都在增加”。

“感受到较大压力”和“认为对身体有害”这两种想法组合在一起，会引起身心问题

因此，从结果来看，我们都陷入了一种非正常的状态：所有

人都感觉到了压力，都认为压力是对自己有害的，却没有人能消除这种压力。这种情况不仅限于美国，从世界范围来看，人们都会表示自己感受到较大的压力。同时，人们也认为压力不利于健康，但是没办法消除这种压力。

“压力是不好的东西，可是又无法被消除”——这种想法本身就是能让人变得不安和忧郁（心情低落）的“特别有毒的处方”。美国耶鲁大学的研究表明，认为压力有害的人要比那些认为压力是一种正能量的人，更容易表现出心情低落的倾向。与此同时，这些人患腰痛、头痛等“因压力而引起的健康问题”的可能性，也远大于他人。

另外一项研究的结果也表明，那些坚信“压力有害健康”的人，会认为“感受到较大的压力，将导致患心脏病，甚至死亡的风险大大提升”。换句话说，当“感受到较大压力”与“压力对身体有害”这两种想法相结合时，其引发身心问题的风险也会变大。

与之形成鲜明对比的是，“虽然感受到较大的压力，但是认为压力会带来一些好处”的人（例如，压力有利于集中注意力，经历过“高压”之后能让自己变得更坚强的人），他们往往会更加健康、幸福。同时，他们在工作中也能取得很好的业绩。

要知道压力也有好的一面

因此，我的演讲“与压力做朋友”，将有助于让大家注意到压力也有好的一面。也就是说，我做此演讲的目的，就是希望能改变大家对压力的看法。压力将给我们带来行为动机和活力。压力具有强化人际关系的作用。它也能磨炼我们的意志，有助于增强我们的能力，让我们收获新知与成长。压力有好的一面，不仅如此，“想要找出压力好的一面”这种想法本身，对我们来说都是很有益的。当我们身处“高压”中时，如果能够找出“压力的好处”，就能极大地防止我们产生深深的不安感，以及心情变得很低落的情况。

此外，希望大家都能了解的一点，就是压力是无法避免的。太多人感觉自己承受了较大的压力，其实这也表明其自身或者自己的生活出现了某些问题。

我们所生活的世界中，普遍充满了压力，但这未必就是一件坏事。

“压力指标”越高的国家，其国民的幸福感和满足感也越高

2005 年至 2006 年，盖洛普调查公司以全世界 121 个国家的 12.5 万人为对象，进行了抽样调查。对所有参与者提出的问题就是:“昨天，你感受到较大的压力了吗？”然后将回答“是的”的人所占的百分比，按各个国家计算出“压力指标”，结果令人大吃一惊。

结果显示，压力指标越高的国家，经济反而越发达。越是

有较多人回答“昨天感受到了较大压力”的国家，其平均寿命和GDP（国内生产总值）也更高。因此，这项调查的结果表明，“压力指数越高的国家，其国民的幸福感和满足感也越高”。很多人感受到了压力，这意味着“对健康、工作、生活水平以及所属团体感到满足”的人也很多。

该调查还对个人层面的幸福与压力之间的关系进行了调查，其结果也很有意思。当天感受到较大的压力的人，会更容易变得愤怒、忧郁（心情低落）、悲伤和不安。与此同时，感受到较大压力这件事，也与感受到喜悦、爱、欢笑等有一定的关系。

即使感受到了压力，心情也不会变低落的人，其认为自己的生活状态比较理想的倾向更为明显。我将此称为“压力反论”。所谓“压力反论”，就是指“压力的大小，与烦恼和幸福感两方面都有关联”。虽然这种反论背后的关联非常复杂，但是我们可以通过压力、烦恼、人生的意义之间的关系来理解这一点。

压力与人生的意义有关

在另一项大规模研究中，从全美18～78岁的成年人中抽取样本，向他们询问了这个问题：“你是否赞同‘自己的人生中大部分事情都是有意义的’这句话？”然后调查和分析赞同的人与不赞同的人之间有何差别。那么，到底有哪些事情能让我们感觉人生很有意义呢？

出人意料的是，“压力”这一答案排在了首位。事实上，从调查结果可以看出，所有的压力都与人生的意义有关。以往曾做过许多“高压”工作的人，认为自己的人生很有意义的倾向更为明显。

那些回答“此时此刻正承受着较大压力”的人，也会认为自己的人生很有意义。与其把时间都用来担心未来，不如拿来回顾自己过去的努力与挑战，这样才能体会到其中的意义所在。

压力与人生的意义之间，为何有如此紧密的关联呢？首先，压力可以说是承担重要的工作时、追求有意义的目标时，就会出现的一种必然结果。

人生中能成为压力来源的主要原因有：工作、育儿、人际关系、照料家人以及健康等。这些对于我们的生活来说，即使不是最有意义的，也是能让人生变得更有意义的事情。

“感觉到压力”这件事，与其说是你的生活中出了什么问题的信号，不如把它当作体现出这些有意义的工作、人际关系、目标与你之间有多大关联的标志。

人，与生俱来就有“从苦难中寻找意义”的本能和包容力。原本苦难是没有意义的，但是能催生出人“想要寻找意义的欲望”。

因此，压力能够刺激个人的成长，以及对精神与灵魂层面的探求。人生的意义并非存在于压力环境中，而在于内心获得唤醒的过程中。寻找人生的意义是对压力反应的结果，所以，压力状态下往往才能催生出人生的意义。

越回避压力，就越容易感到不安和低落

我并不是说要将压力最大化才能找到人生的意义，不过，如果你想要回避压力，不是个好办法。与能够正面接受压力的人相比，那些想要回避压力的人，更容易感到不安和心情低落。

例如，美国的研究者曾对超过 1000 名成年人进行了为期 10 年的跟踪调查。

在调查之初，参与者都被询问“如何应对每天的压力”。那些选择极力回避的人（刻意逃避会承受压力的状况、不去考虑压力的事情，靠饮酒、看电视、玩游戏等来让自己回避压力的感觉），其在之后的 10 年间，患抑郁症的倾向更明显。比起调查之初所呈现的病症或问题来，这种想要消除压力的意愿导致将来患抑郁症的风险更高。

日本也曾进行过相同的研究。

例如，日本的成年人，因为想要回避社交中的压力，导致其中与幸福感相关的连带感和归属感变得非常稀薄。

也许很多人会觉得，回避了不安、失败、不快、冲突、迷失等这些压力不好的一面，就能让自己的人生变好。让你回想一下整天都感到压力的日子，也许你会说：“啊，整个一周都没有一天

是舒服的。”在这样的日子里，你当然很容易会想过那种“没有压力”的生活。但是，从稍微长远的视角来看，当回首自己人生走过的路时，你会不会想要将所有承受压力的经历都删去呢？如果真这样做，你的人生并不会因此变得更理想。

不仅如此，那些让你获得成长的经历、最值得自豪的挑战，以及让你之所以能成为你的人际关系等也都会消失了吧。也许你的不快感多少会有所减轻，但是人生的意义也因此被夺走了。

对于压力带来的不安与忧郁

那么，如何才能更好地与压力做朋友呢？科学证明，能有效地缓解不安与忧郁（心情低落），并从中恢复力量的方法，包括做运动、散步、和亲朋好友或宠物共处、按摩、冥想、瑜伽、祈祷、做志愿者、帮助他人、把时间用在富有创意的兴趣爱好上等。

这些方法，与饮酒或看电视这样的传统的压力排解法相比，有何不同呢？与主动回避的方法不同，上述这些方法之所以有效，主要是与自我管理、比小我更大的存在的事情等方面有关。这些将能带来人生的意义以及超越自我的感觉。而人生的意义、超越自我、对自我的管理等，则是让我们找回幸福感所必需的力量之源。

当你感觉快被压力击溃时，请好好回想一下压力能让我们持续收获成长这样的潜在好处。为了增强自己的能力、强化与他人的关系、更好地体现自我价值，请想一想压力中都蕴含着什么样的机会？如何将自我管理、超越自我的行为融入日常的生活中去？去做这些事情，并非为了减轻或者排解压力，而是为了从中获得力量，从而继续追求自己所重视的目标，哪怕这种思考的行为本身也必然会带来压力。

Lesson 10 要点

与压力做朋友的法则

法则 1 看到压力好的一面

→那些认为压力能让自己变得更坚强的人，往往会更加健康、幸福，并且在工作中也能有较好的业绩。

>>> 具体的行动

▲压力能产生行为的动机。

▲压力能深化人与人之间的关系。

▲感觉到较大压力的人，会更容易变得愤怒、忧郁（心情低落）、悲伤和不安。与此同时，也能更多地感受到喜悦、爱、欢笑。

▲压力与人生的意义有关。

例

· 人生中能成为压力来源的主要原因有：工作、育儿、人际关系、照料家人以及健康等。这些对于我们的生活来说，即使不是最有意义的，也是能让人生变得更有意义的事情。

法则 2　不要回避压力

→想要回避压力的人，往往更容易感到不安和心情低落。

→压力是无法避免的。

法则 3　进行自我管理

→自我管理能够有效地缓解不安的情绪，让我们从压力中恢复力量。

>>> 具体的行动

▲做运动，和亲朋好友或宠物共处。

▲按摩、冥想、瑜伽、祈祷、做志愿者、帮助他人、把时间用在富有创意的兴趣爱好上。

▲喝酒、看电视这样的回避压力的方法，是不可取的。

千万不要做

▲认为压力有害。

▲认为压力是无法被排解的。

Lesson 11

重塑压力：变为成长的武器

迄今为止，我们都是将压力视为敌人的吧。实际上，很多心理学者、医生以及科学家也都将压力视为自己的敌人。因为他们相信压力会使人烦恼，或者导致很危险的疾病，所以无论如何都要防止这种情况的发生。

但是，我已经改变了对压力的看法。这源于 1998 年美国以 3 万名成年人为对象，进行的一项调查的研究结果。该项调查主要是向参与者提问："过去一年间，你感受到了多大的压力？""你认为压力对健康有害吗？"并在八年后统计，3 万人中有哪些人已经去世。

结果非常令人吃惊，那些表示自己感受到较大压力的人，其死亡的风险高达 43%。但是，这么高的死亡风险，仅仅集中体现在有较大压力的人群中那些认为"压力对健康有害"的人身上。这一点让我颇感兴趣。哪怕是承受了较大压力的人，只要他们不认为压力对健康有害，那么其死亡的风险便不会呈现上升的趋势。不仅如此，他们的死亡风险还是所有参与调查的人中最低的，甚至比那些表示自己几乎没有压力的人还要低。

压力使人变得聪明、坚强，并能引导我们走向成功

基于诸多研究的结果，我对压力的看法发生了一百八十度改变。最新的研究成果表明，压力能使人变得聪明、坚强，并能引导我们走向成功。人们能从承受压力的经验中学到东西，并获得成长。而且，也会激发出人们的勇气和同理心。

最重要的一点就是，改变对压力的看法，将能使我们变得更加健康和幸福。你对压力的看法，将会影响到你的方方面面。除了健康以外，还将决定你的人生是否更有意义。应对压力最好的方法，不是想着去减轻或回避压力，而是要改变自己的看法，试着去接受这种压力。

应对压力的方法

让自己接受“没有哪个工作是无压力的”这样的想法，也许是一个不错的开始。对人们来说，压力已是一种司空见惯的东西。也许会有人认为必须减轻压力，然后千辛万苦地想要排解压力，但这通常都不会有好的结果。

压力可以被视作一个信号，它表明我们很重视自己所做的工作。我们之所以会感到压力，恰恰证明我们对自己的工作进行过深入的思考。正因为我们拼命地工作、考虑他人的事情，所以才

会感受到压力的存在。所有人都有压力，在理解了这一点的前提下，才能改变我们应对压力的方式，并将其转变成一种适合自我的压力。

将压力变为动力的比尔·盖茨夫妇

本书第 3 课中提到了“重塑工作”的概念，即根据个人的情况重新定义自己的工作，从而提高工作效率的方法。这一诞生于商界的概念，同样有助于我们应对压力。

首先从列出清单开始做起，将自己工作中必须做的事情都一一写下来。例如，写邮件、写报告、客户会议等。同时，将自己的特长、自己人生中最重视的东西、自己的价值观等内容都列出来。然后，将这些与自己的工作一一关联起来。

如果你很善于说服他人，那么可以将这种能力与写邮件、写报告联系起来。这样一来，自己的特长得到了充分发挥，对工作也会更有帮助。如果你很善于教导他人，那么可以将其与撰写邮件、给某人提供建议和帮助等工作联系起来。这样将有效减小压力所带来的负面影响。“因为上司的朝令夕改，导致没有一点儿自己的时间”“太多令人厌烦的事情，让人看不见希望”，当你产生这样的想法时，就会感觉自己是工作的受害者。可以通过“重塑工作”的方式，改变这一负面、消极的想法。

说到将压力变成动力的人，我特别关注的有两位。第一位，就是微软公司的创始人，同时也是为公益目的创立了“比尔·梅琳达·盖茨基金会”的比尔·盖茨（Bill Gates），以及他的夫人梅琳达·盖茨（Melinda Gates）。

他们的人生选择了去面对比世界更大的课题，这源自为比小我更大的目标而做出贡献的思维模式（心态、思维方式）。他们考虑的不仅仅是自我的成功，还包括以自己的能力可以解决的最大问题是什么，并且为解决这一问题付诸的实际行动。这令我非常感动。

为了将压力转变为动力，我们需要为自己的人生设定一个比小我更大的目标。虽然我们都要为自己设定的目标付出努力，但是这样的目标能够让我们拥有更有干劲的心理动机。这么做并不是为了证明自己的能力很强或自己比他人优秀，我们之所以付出努力，是为了向这一更加重要的目标贡献出自己的一分力。所以，当我们不是为了自我的成功，而是向着更加宏大的目标前进时，就能获得周围人的支持。

另一位，就是脸书的创始人马克·扎克伯格（Mark Zuckerberg）。2015 年，他在自己的主页上向外界宣布了伴侣怀孕的消息。同时，他也谈及了自己的伴侣曾经流产的经历，以及自己为此所承受的压力。他的这一做法非常了不起。

几乎没有人会在公开场合谈论伴侣流产的话题。而且，越像他这样的名人，越容易遭到世间舆论的各种刁难。但是，他仍然选择了袒露自己的弱点，这等于向世人表示自己也是一个普通人。这给许多和他一样有着相似痛苦的人带来了勇气，让他们知道自己并非独立在承受痛苦。很多人都是一边承受着不安和压力，一边获得了成功。

之前我参加了一个会议，其中有某企业的女 CEO 在现场做了发言。她是美国很知名的人物，事业很成功，同时也是一位非常强势、十分活跃的人。

她就表示自己一直以来都感到不安。但是，她学会了如何去应对这种不安，并将其转变为动力，从而使自己获得了成功。我觉得从商业成功的角度来说，这也是一个非常好的例子。

很多运动员、专家也都表达过相同的观点，即他们也都会感到不安。其中，我最欣赏的一句话，是美国国家航空航天局（NASA）的一位宇航员说的。

他说：“对不安的情绪缺少了解的人，最终只能是一无所知。正因为有不安的情绪，我们才能对其加以利用，从而深化自己的思考。”

人们往往会认为，成功的人一直都很沉着，特别有自信，从来不会感到不安。实际情况并非如此，他们也会有压力，也一样经历着痛苦。只有能从中获得力量并最终成功的人，才是最理想的成功者。

失去自信、很快就想放弃的恶性循环

话虽这样说，但人们还是想要去回避失败和逆境。有这种想法的人，应该改变对失败的看法了。世界上有很多人都认为无论如何都要避免失败，特别是当要去面对超出自我能力的目标、要去努力迎接新的挑战时，最终往往会变成这样的想法。

人们在遭遇挫折后，很快就会产生“看来还是我不行啊”这样的想法。之所以不顺利，肯定是因为自己的能力不足，或者是自己的目标设定有错。这样一来，就会陷入失去自信、很快就想放弃的恶性循环中。

此时，“成长的思维”将会有助于你摆脱这种困境。“成长的思维”主要认为挫折是不可避免的，但是当我们遇到障碍时，要知道这也意味着能让我们发挥出最大实力的时机来了。逆境能够锻炼我们的“精神恢复能力”。过去艰苦的经历，其实对我们是非常有用的。这样一想，即使我们感受到了压力，也能让自己继续坚持下去。

从挫折、逆境中获得力量的“具体方法”——通过“写下来”让自己恢复

能有效地从挫折、逆境中获得力量的一个方法，就是将自己的人生经历都写下来。我将其称为“元气恢复故事”。无论是有关

自己的事业、人际关系还是公司的项目等，都没关系，将其写下来，然后自己再好好看一看。

通过看自己写下的内容，想一想自己的人生中都遇到过什么事情？其中又有哪些意义？自己的特长是什么？能从这些事情中学到什么？以此来让自己从逆境中获得力量。同时，也会对将来抱有更加乐观的看法。

经历逆境，不会让人变得更强大（虽然有些人是如此）。最重要的是，把这些逆境的经历当作元气恢复故事来读，促使自己的思维模式发生转变，这样才能从逆境中获得力量。

最近，我召集全美著名的经理人进行了一次培训。我要求他们从“成长的思维”出发，聊一聊自己的职业生涯。特别是要在众人面前，就自己曾经的失职行为、不成功的项目等进行交流。从这样的经历中，重新思考自己在哪方面比较强大，又都从中学到了哪些东西。

虽然这个方法自己一个人做的时候也很有效果，但我还是推荐大家能以团队的形式来做。因为这能让我们接触到每个人的“成长的思维”，并产生更好的效果。像这样，写下自己的经历，并在众人面前分享，有助于形成“成长的思维”。

压力过大的情况

有一些人会经历真正的“创伤”（内心的伤害），如被犯罪行为侵犯过、所爱的人亡故等。他们为了让自己继续生活下去，会选择不去想过去的经历，但是种种研究均表明，这样做并不会带来任何帮助。这种不去回想、逃避的行为，往往相当于是在“自我消亡”。

在心理学的领域，存在着“侵入性反刍”和“意图性反刍”这样两种思维方式。所谓“侵入性反刍”，就是指总是会不自觉地回忆起自己过去的遭遇，但是主观上并不想去回忆它。自己的大脑中总是会有二选一的想法：要是当时没有选择走那条路，就不会被侵犯了吧？要是选择这样做，就不会伤害到他人了吧？这种状态与 PTSD（创伤后应激障碍）有着很密切的关系。

另一种所谓“意图性反刍”，就是指有意识地进行回忆。这种行为是出于自己的选择。也就是说，有意识地暗示自己，可以去回忆自己的遭遇。“要是这样做就好了。”虽然这种想法看似倒退，实则能催生出让人向前看的力量。

重要的是，当遇到事情时，不要总是去想“为什么是我遇到这种事”，而是要思考这种事因何而起。总之，所谓“成长的思维”，就是思考事情的原因，而不是一味地抱怨。

没有人希望自己遇到逆境，但是如果已经发生了，那就姑且去接受这个事实吧。然后，要思考该如何才能从这样的经历中让自己变得更好。或者，这样的经历能否为他人带来帮助。

因此，写下来才是最重要的事情。将自己的经历记录下来，是一种治愈效果最好的方法。研究证实，将自己的感受、发生的事情以文字的形式写下来，对当事人有很好的治愈效果。

需要注意的是，要做到将自己的感受原原本本地记录下来，千万不要抱着这样的想法：“当时的遭遇虽然很头疼，但却是一件好事。”自己有过痛苦的经历，让自己去接受这一点，然后将自己的感受都原原本本地记录下来，这才是关键。我们在记录的过程中，很自然地会获得向前看的力量。

我在之前的书中也提到过，只有以一个包容的姿态，才能留意到自己内在了不起的能力与洞察力。这并非什么创新的思维模式，但如果你不能做到真正去直面痛苦、艰难的遭遇，那么这种没有自我觉醒的方法，是无法让你在真正意义上去包容压力的。

可以提高抗压能力的练习

为了抵抗压力，做瑜伽和冥想是比较有效的方式。提到瑜伽和冥想，人们常会说它们能让人的精神层面产生百分之百专注于自我的感觉。实际上，在做瑜伽和冥想时，我们依然无法逃避不安或自我的缺点等令人讨厌的事情。不过，这样的行为确实能够提高我们的抗压能力。不管我们的心情有多糟糕，我们都无法回避它，而瑜伽和冥想就是对抗它的一种练习。

在身体层面上，瑜伽和冥想也是能让我们更容易控制好神经系统平衡的一种方法。也许在做瑜伽和冥想时，整个人会变得沉着、冷静，但是身体的反应正相反，会变得更加活跃，如心跳会加快，还会分泌出更多的男性激素。这些反应会导致压力激素的构成发生变化。

简单来说，就是与“挑战反应”非常接近的一种状态。这种状态会导致心跳加快、肾上腺素增多，向肌肉和大脑输送更多的能量，能使心情变兴奋的“脑内科学物质”也会激增。

“心流”状态（指完全沉浸在自己所做的事情中的心理状态）下的人，往往都会表现出“挑战反应”的特征，而这与工作中专心致志时的状态是相同的。此时，无论是精神上还是肉体上，都会充满了力量。结果就是，自信增强、注意力更加集中，有最佳的表现。

除了瑜伽和冥想外，散步也是不错的选择。任何一种练习都会很有效果。

Lesson 11 要点

将压力变成武器，让自己成长的法则

法则 1 不要认为压力对健康有害

→ 1998 年，美国以 3 万名成年人为对象，进行的一项调查结果显示，在有较大的压力的人群中，那些不认为压力对健康有害的人，其死亡的风险并不会呈现上升的趋势。不仅如此，他们的死亡风险还是所有参与调查的人中最低的。

法则 2 不要想着减轻或回避压力，而是要去接受它

→人能从承受压力的经验中学到东西，并获得成长。你对压力的看法，将会影响到你的方方面面，除了健康以外，还将决定你的人生是否更有意义。最新的研究成果表明，压力能使人变得聪明、坚强，并能引导我们走向成功。

>>> 具体的行动

▲要知道没有哪项工作是无压力的。

▲要知道压力是一个信号，它表明你很重视自己所做的工作。

法则 3　利用“重塑工作”的方法

何谓“重塑工作”

→请参考第 3 课的法则 3。

>>> 具体的行动

▲列出工作（必须做的事情）清单。

例 写邮件、写报告、客户会议等。

· 将自己的特长、自己人生中最重视的东西、自己的价值观等内容都列出来。

· 将这些与自己的工作——关联起来。

· 如果你很善于教导他人，那么可以将其与撰写邮件、给某人提供建议和帮助等工作联系起来。

法则 4　要为自己的人生设定一个比小我更大的目标

→虽然我们都要为自己设定的目标付出努力，但是这样的目标能够让我们拥有更有干劲的心理动机。这么做并不是为了证明自己的能力很强或自己比他人优秀，我们之所以付出努力，是为了向这一更加重要的目标贡献出自己的一分力。所以，当我们不是为了自我的成功，而是向着更加宏大的目标前进时，就能获得周围人的支持。

法则 5 以成长的思考来想问题

→当遇到事情时，不要总是去想“为什么是我遇到这种事”，而是要思考这种事因何而起。

→没有人希望自己遇到逆境，但是如果已经发生了，那就姑且去接受这个事实吧。然后，要思考该如何才能从这样的经历中让自己变得更好。或者，这样的经历能否为他人带来帮助。

法则 6 将自己的经历写下来

→将自己的经历记录下来，是一种治愈效果最好的方法。研究证实，将自己的感受、发生的事情以文字的形式写下来，对当事人有很好的治愈效果。需要注意的是，要做到将自己的感受原原本本地记录下来。我们在记录的过程中，很自然地将会获得向前看的力量。

法则 7 做练习

→“心流”状态下的人，往往都会表现出“挑战反应”的特征，而这与工作中专心致志时的状态是相同的。此时，无论是精神上还是肉体上，都会充满了力量。结果就是，自信增强、注意力更加集中，有最佳的表现。

>>> 具体的行动

▲做瑜伽和冥想。

→（精神层面）

能让人的精神层面产生百分之百专注于自我的感觉。实际上，在做瑜伽和冥想时，我们依然无法逃避不安或自我的缺点等令人讨厌的事情。不过，这样的行为确实能够提高我们的抗压能力。不管我们的心情有多糟糕，我们都无法回避它。

→（身体层面）

瑜伽和冥想也是能让我们更容易控制好神经系统平衡的一种方法。也许在做瑜伽和冥想时，整个人会变得沉着、冷静，但是身体的反应正相反，会变得更加活跃，如心跳会加快，还会分泌出更多的男性激素。这些都是与“挑战反应”非常接近的一种状态。这种状态会导致心跳加快、肾上腺素增多，向肌肉和大脑输送更多的能量，能使心情变兴奋的“脑内科学物质”也会激增。

▲散步也具有同样的效果。

千万不要做

▲认为必须减轻压力，想要排解压力。

▲遇到挫折，马上觉得自己不行。

▲遇到事情时总是去想“为什么是我遇到这种事”。

Lesson 12

自我效能：获得自信的原动力

最近，我有机会与斯坦福大学商学院的女生进行对话，就女性在学术界和商界遇到的一些问题进行交流。其中，最让学生们担忧的，就是关于自信的话题。她们都意识到了通过言行举止表现出自信的重要性。基于年龄或性别等各种因素，“如果自己表现得没有一点儿自信的话，对方就不会理睬自己”。因此，她们很想知道，自己怎样才能改变他人对自信的看法。例如，自己该如何穿衣打扮？该做出什么样的动作？使用哪些身体语言？

其实，这些女生之所以有这样的疑问，在我看来，还是因为她们对“什么才是成功所必要的自信”产生了误解。特别是在开始新的工作、项目或者有新的人际关系时，表现得更是如此。所谓“自信”，常常被定义为“强烈的信念和信条”。

要想获得个人或事业上的成功，到底什么样的信念才是最重要的呢？具体来说，我们需要具备什么样的信条呢？成功的领导者常说，最重要的自信就是相信自己，坚信自己具有无所不能的能力。他们常挂在嘴边的建议就是，相信自己能做到的话，那就真的能做到。而缺乏自信，则是做事情时的头号敌人。

“要装出有能力的样子”——即使没有自信，也要装出自信满满的样子，这种建议也是基于同样的想法提出来的。那些为了让自己看起来更有自信，前来向我咨询如何穿衣打扮、如何注意言谈举止的女生，显然也是受了这种想法的影响。

“自我效能”才是关键

而我对于所谓的“自信”，则持有不同的看法。上述这种相信自己理所当然一定能成功的骄傲自大式的自信，并不可取。比这更重要的，是被心理学家们称为“自我效能”的东西。

所谓“自我效能”，就是指能运用自己拥有的一切条件，包括自身的努力以及周围人的帮助等，去应对所面临的考验的一种信念。而“自己拥有的一切条件”可以是：忍耐力、幽默感、创造力。或者，还包括即使面对成功无望的状况，仍值得依靠的自己身上所有的优点。不过，即使运用了这些条件，也未必能保证我们一定会获得成功。

拥有较强“自我效能”的人，很多情况下能在谦逊与自信之间保持一种平衡的状态。这类人都明白，真正的自信，只能是花时间，从过往经验带来的智慧和成长中获得。（反过来说，这种谦逊与其说是假装自己有自信的一种逞强行为，不如说是更容易赢得别人的信赖。）这类人很少会对自己现有的能力持盲目自信的态度，他们更愿意相信自我改善（自我进步）的过程。他们都知道，应该如何有效地从过往的经验中学到东西，或构建起更好的人际关系。因此，他们并不认同只要单纯地相信自己能成功就足够了。

每当我着手新的工作时，总是会预想着自己将产生没有自信的感觉。如果没有这种感觉，我反而会变得不安。归根结底，我所关注的是通过不断地磨炼与反馈，让自己保持学习的姿态，以及从对自己所作所为的反省、反思中，所能学到的东西。我认为最有必要的一种自信，就是相信“虽然现在的自己还不够完美，但自己能够做到‘自我改善’”。越是能充分接受周围人的建议与批评的人，就越值得信赖。

获得这种自信的最佳方法，就是回顾自己的成长过程：你是否了解，即使有时会遇到挫折，自己也仍要继续付出努力，让自己的事业和技能有所提升；你是否能认识到，要花时间去深化工作或个人生活中的人际关系，并且为了构筑起真正可靠的人际关系，某些冲突也是在所难免的。

我认为这种自信才是最重要的。即便如此，那些想要在职场上让自己表现出更有自信的样子的人，肯定是不具备这种自信的。他们所有人几乎都抱有以下这两种意图中的一种。

有的人是为了能给周围人留下印象，而去提升自己的能力的。他们想知道如何才能提升自我能力、丰富知识，让自己看起来更具说服力，因为他们将这视作“让成功的机会最大化”的一种方法。还有的人，对周围人的看法并不太感兴趣，他们关心的是如何才能接纳自己，因为他们很讨厌那种失去自信的状态。他们想知道如何尽可能地减少令人担心的情况，让工作变得更轻松，同时还能去接受新的挑战。

那些向我咨询“如何才能增强自信”的斯坦福大学的学生，则是同时基于这两方面的动机。不管你想拥有更多自信的主要动机是什么，下面的这些内容，不仅能让周围的人觉得你有能力且值得信赖，还能让你自己也变得更有勇气。

让周围人觉得你有能力且值得信赖，同时也让自己变得更有勇气的三个法则

①没有自信或者有不安的情绪，可以视作当事人很在意自我，并且愿意全力以赴，因此是一个值得信赖的人。不要将其当作内心准备不足或没有觉悟的信号。

很多人都认为“自信，就是指不用担心”，其实未必是这样。经验丰富的领导者都知道那些会让人担心的事情，这往往对增强自己的见识和觉悟来说，都是大有益处的。我们在做事情时，千万不能忘记这一点。有时，在重要的会议场合，你也可能会感到烦躁或没有自信。研究证明，当你接受了“这种情况是很普遍的，而且是对成功有帮助的”这一想法以后，周围人反而会觉得

你自信满满，而且很有能力。

因此，像“对不起，我很紧张”“抱歉，让大家失望了”这样的话最好不要说，避免让周围的人察觉到你的不安。不管自己心中泛起什么样的想法和情绪，都要接受它们。在此前提下，将自己的注意力更多地放到自己想要表达的信息、正在做的工作，以及在场的其他人身上。

②在重要的会议或交流开始前，先花几分钟时间想一想“这次的会议或交流为什么很重要”

首先，通过上面的方法仍然无法拥有自信的人，可以试着让自己别再去想：“如何给其他人留下印象？如何才能说服他们？”很多场合下，思考这样的问题对我们的精力来说是一种浪费，同时也会妨碍我们给他人留下好的印象。研究显示，越想表现得看起来很有自信，就越给对方一种不诚实、心不在焉的感觉。因为我们越想与他人建立起联系或沟通，就越会将关注点放在如何让自己的言行举止看起来更完美上，而这将会导致我们精力不集中。

其次，无论是自己正在推销的产品、想要说明的事情，还是正在处理的工作，我们都需要能表现出发自内心的热情。研究显示，要想给对方留下好印象，自身表现出的热情才是最有效的。

虚假的热情就像虚假的自信一样，不可能让你获得成功。不管你是要推销产品、说明事情，还是处理工作，只有认真思考了“这为什么很重要”，才能将真正的热情传递给对方。

③敞开心扉，关注周围人所说的话

人们可以通过观察你如何关注周围的人、你如何应对你周围的人，来掌握你的自信状态。因内心的不安而无所适从的人，往往会避免与他人进行眼神的交流，或者会像念剧本一样快速地说话。当别人向他提问时，他也很少会花时间去思考，而是很果断地就给出回答。会把发生的所有事情都当作对自己的一种攻击，从而想要维护自己以及自己的立场或产品。与之相对的，真正有自信的人，反而更加从容。无论他人说什么或者问什么，他们都会将其视作教育他人、与他人建立联系，或让自己得到学习的机会。这样的人，同样也很善于向他人提问。

我们越去关注周围的人，就越能知道他们相信什么、想要什么。在了解了这些以后，我们才能更有效地同他们打交道。也就是说，不要试图通过肤浅的自信，去推销自己的想法（或者自我），而是要在自我能力与可信度方面，给人留下深刻的印象。

那么，这三条秘诀的共通之处是什么呢？那就是，不要为了让自己看起来很有自信，而去刻意控制自己的行为，或者自我催眠“我有自信”，而是要通过思维模式（心态、思维方式）的转变，唤醒更深层次的自我信赖。哪怕对方是一位专业顾问，或者满满一屋子的同事，只要能与对方真诚相待，你就能表现出真实的自信。

Lesson 12　要点

让自己拥有自信的法则

法则 1　回顾自己的成长过程

→获得自信的最佳方法，就是回顾自己的成长过程：你是否了解，即使有时会遇到挫折，自己也仍要继续付出努力，让自己的事业和技能有所提升；你是否能认识到，要花时间去深化工作或个人生活中的人际关系，并且为了构筑起真正可靠的人际关系，某些冲突也是在所难免的。

何谓“拥有自信的人”、拥有较强“自我效能”的人

→所谓“自我效能”，就是指能运用自己拥有的一切条件，包括自身的努力以及周围人的帮助等，去应对所面临的考验的一种信念。

让周围人觉得你有能力且值得信赖，同时也让自己变得更有勇气的三个法则

法则 2　没有自信也可以被视作“值得信赖”的一种信号

→研究证明，当你接受了“没有自信的情况是很普遍的，而且是对成功有帮助的”这一想法以后，周围的人反而会觉得

你自信满满，而且很有能力。

>>> 具体的行动

▲不管自己心中泛起什么样的想法和情绪，都要接受它们。

▲在此前提下，将自己的注意力更多地放到自己想要表达的信息、正在做的工作，以及在场的其他人身上。

法则 3 在重要的会议或交流开始前，先花几分钟时间想一想“这次的会议或交流为什么很重要”

→别再去想“如何给其他人留下印象，如何才能说服他们”这件事。我们越想与他人建立起联系或沟通，就越会将关注点放在如何让自己的言行举止看起来更完美上，而这将会导致我们精力不集中。不管你是要推销产品、说明事情，还是处理工作，只有认真思考了“这为什么很重要”，才能将真正的热情传递给对方。

法则 4 敞开心扉，关注周围人所说的话

→我们越去关注周围的人，就越能知道他们相信什么、想要什么。在了解了这些以后，我们才能更有效地与他们打交道，并在自我能力与可信度方面，给人留下深刻的印象。

三条秘诀的共通之处

→不要为了让自己看起来很有自信，而去刻意地控制自己的行为，或者自我催眠“我有自信”，而是要通过思维模式（心态、思维方式）的转变，唤醒更深层次的自我信赖。哪怕对方是一位专业顾问，或者满满一屋子的同事，只要能与对方真诚相待，你就能表现出真实的自信。

千万不要做

▲即使没有自信，也装出一副自信满满的样子。

▲将没有自信和不安的情绪，当作“内心准备不足或没有觉悟”的信号。

Lesson 13

不安的“能量”：积极应对挑战

假设你已经花了一周的时间为一场非常重要的演讲做准备，还有几分钟就要正式上台了，此刻你却感到特别紧张，全身都感到不安——心跳加速、额头冒冷汗，胃部也感到一阵绞痛。

因为你是平凡的普通人，所以总觉得这种不安感会让你的演讲状态变得很糟糕。身体因为不安的情绪而出现的种种症状，都让你觉得是这次演讲可能要出岔子的先兆，害怕内心的焦虑会导致失败的结果。因此，你会觉得为了让自己做到最好，必须消除这种不安的情绪。其实，那些必须在“高压”下工作的专家，也会遇到和你相同的状况，这样的想法几乎在全世界都是共通的。哈佛大学商学院的研究者进行的调查显示，当面对工作压力而感到不安时，最重要的是让自己镇静下来。有这种想法的人，占到了整体受测者的 91% 以上。

以前的我也抱有同样的想法。

那时，我一直认为在演讲前总是焦虑不安的状态是有问题的。其实直到现在，每一次演讲、授课或者接受重要的采访时，我仍然会有不安的情绪。尽管我是以一个从业十多年的专家的身份在发言，但是仍然改变不了自身的这种状况——自己完全无法冷静下来，这也让我很长时间以来都在怀疑自己有什么不正常的地方。

不安能引导我们获得走向成功的能量

最新的行为研究成果却给出了一个完全相反的结论：无论多么讨厌这种不安的感觉，实际上，不安的情绪反而能让我们变得更加努力。

首先需要了解的一点是，不安的情绪能促使我们拿出全力去奋斗。请回忆一下，你紧张时身体的反应和感觉，如心跳加速、呼吸变急促、容易流汗、坐立不安、焦虑急躁、异常地兴奋等。所有这些都属于一种信号，表明你的身体和大脑正在获得能引导你走向成功的能量。这种身体上的反应，属于挑战反应的一种表现，也是生物学上的一种本能。即为了完成重要的事情，身体会调动所有必要的能力。

肾上腺体会分泌出肾上腺素，这能使我们变得更活跃。心脏跳动加快、脉搏跳动加速，呼吸也变快了。所有这些症状，都是为了向大脑和身体提供更多的能量。身体之所以会紧张，是因为肌肉在为接下来的动作做准备。当我们感到不安时，五感[①]的功

① 即视觉、听觉、嗅觉、味觉、触觉。——译者注

能会变得更强。为了获得更多的光线，我们的瞳孔会放大。此外，我们的听觉也会变得更敏锐，我们的注意力也会更加集中在此时此刻的瞬间。这些身体上的变化，能让我们对自己所置身的环境保持更好的洞察力。因此，不安的情绪会让人变得机敏，也让我们对所遇到的事物做好准备。

忐忑不安，这都是挑战反应

当我们不安时，胸口会有发慌的感觉，这就是挑战反应。消化器官的几百万个神经细胞会对我们的思考或情感做出反应。在出席重要的会议或演讲前，胃部会感到绞痛，这就是你的消化器官在提醒你“这可是很重要的场合啊”。这种症状并非要出岔子的先兆，而是你的身体理解了“此时此刻，你正面对的是一直在等待着你的挑战（工作或者难题）”。

也有一些心理学家认为，胸口发慌是直觉增强的一种信号。这种被增强的自我意识能帮助你在面对重要的场合时，努力表现出最好的状态。

尽管很多人都相信不安的情绪所引起的身体症状，会对我们的实际表现产生干扰，但现实情况是，相较于完全放松的状态，紧张的状态反而会更有益处。例如，感受到较强压力的运动员，其在赛场上的表现会更棒；考试前分泌出更多肾上腺素的学生，往往分数会比较高。不管怎么说，就算是那些要求沉着、冷静的场合，不安的情绪也能提升人在压力下的表现。

一项令人吃惊的研究结果显示，在解救人质的行动中，心跳显著变快的联邦探员，更能准确地进行开枪射击，而不会误伤人质。当面对高风险的状况时，心脏会像警钟一样怦怦直跳。实际上，这反而能给你带来帮助。

如何看待这种情绪才是关键

如何不受不安情绪的影响，甚至反过来利用好这一情绪，关键在于你是如何看待这种不安的。认为不安会妨碍自己的人，往往会投入很多的精力想去抑制这种不安。但是，抑制不安并非易事，而且这会导致注意力无法集中。研究显示，越想让自己镇静，就越会感到紧张，身体也变得很僵硬。当认为不安是一种障碍时，就更容易失去自信，还会产生无力感。反过来，最新的研究显示，如果能接受这种不安的情绪，甚至更进一步说，能够积极、主动地接受不安的情绪，将有助于我们应对困难的状况。

例如，在某项研究中，对即将开始演讲的几名测试者，研究者建议他们对自己说“我现在很兴奋”。而对同样即将开始演讲的另外几名测试者，则建议他们尽可能地让自己镇静下来。后一种做法是几乎所有人都会选择的做法。无论哪一种方法，都没有消除演讲者内心的焦躁。两组测试者事后都报告说“在演讲时，内心依然有不安感”。但是，那些被建议将焦虑的情绪解释为兴奋的测试者，他们看起来会更有自信，而且像是有备而来的样子。台下听演讲的人也表示，与那组努力让自己镇静下来的人相比，让自己兴奋那一组的演讲更具说服力，给人一种很有能力的印象。

此外，还有很多研究也都证实了同样的效果。接受内心的不安，并告诉自己“不安对我也很有帮助”的人，会更有自信，演讲也会更精彩。

参加考试、在 KTV 唱歌等这些容易让人紧张的场合，也是一样的道理。(是的，你和朋友们一起娱乐的时候感到紧张的话，应该去接受这种不安的情绪。研究证实，能够接受内心不安情绪的人，他们都会唱得更好，不会跑调！)

现如今，如果在授课或演讲前没有感到不安，反而会让我担心。如果在授课或演讲前，不像往常一样感到焦躁，我就会选择去模仿内心不安时的状态！例如，在主题演讲开始前，我会在宾馆的房间里，一边播放自己喜欢的曲子，一边载歌载舞。在接受电台的直播访谈前，我也会做一做举手跳跃运动，就是让自己一边跳跃，一边开合双腿，这样能促进肾上腺素的分泌。在斯坦福大学上课开始前，我很喜欢在校园中飞快地穿行。这样一来，能加快心脏的跳动，还能出出汗。

当感到不安时，我们会在短时间内变得充满能量。但是，如果长期处于这种状态，很多人就会感到特别疲劳。长此以往，就会想要换一份压力没这么大的工作。还有人会产生“我没有能力驾驭这份工作”“自己实在坚持不下去了”这样的想法。事实上，长期处于不安情绪中的人，往往很容易觉得自己的精力都被“高压”的工作耗尽了。

有人会将疲劳的原因归结到不安的情绪上，但是消耗精力的真正理由，其实是一直想要抑制内心不安的这种行为。如果能对不安的情绪采取一种积极的态度，就能防止我们被“高压”的工作耗尽精力。

例如，德国不来梅雅各布大学的研究者，花了一年的时间，对公司里的骨干员工进行了追踪调查。调查的内容包括他们对不安情绪的看法，以及在工作中会承受多大程度的不安。

那么，对我们来说，到底不安是有益的，能让我们更加集中注意力，变得更加活跃，还是会削弱人的意志呢?

一年后，那些认为不安情绪并非需要修正的问题，反而是自己能量的来源的骨干员工，他们都报告说自己很难会有被工作折磨得筋疲力尽，变得焦虑、急躁的感觉。越经常感到不安的人，越会表现出这一特点。这让他们免受了长期的压力与不安所引起的典型精力消耗症状的困扰。

以前一直认为不安会消耗精力的人，当他们转变为相信不安能给自己带来活力后，将能有效地防止再发生筋疲力尽的情况。为了验证这一理论，葡萄牙里斯本大学的研究者给学生进行了一次智力测试，使用的是“分阶段逐渐增加难度的60道题目”。为了增加他们的压力，研究者要求学生们尽可能快且没有错误地做完这些题目，成绩排名前 10% 的人，将会获得现金奖励。

在测试开始前，其中一组学生被告知“如果感到不安，就想着能利用这种不安，让自己（在这次测试中）发挥出最高的水平”。而另一组学生则被告知“如果感到不安，就将注意力集中在题目上，以求获得最好的成绩”，这也是生活中最常见的一种建议。然后，在测试结束时，测定他们的身体和精神都消耗了多少能量。

出现压力反应后，会对接下来的行为做出调整

那些被告知不安能带来活力的学生，几乎都没有产生疲劳感。他们和其他的学生一样，也感受到了压力，同样拼尽全力去完成题目，内心也同样有一种不安感。但是，他们并没有将不安感视为应该被抑制的情绪，反而将其当作可利用的能量。结果，他们没有出现筋疲力尽的感觉。

可以想象，当每次面对让人不安的“高压”工作时，随着时间的增加，这种方法的效果会越来越明显。

将不安视作一种动力，这能增加我们的活力和自信。即使在压力之下，我们也能取得成果。关键就在于，你要能理解不安的情绪是如何帮助我们的。当你感到心脏怦怦直跳，呼吸也变得急促的时候，要知道那是身体发出的信号，你正被赋予能量。当你感到身体有些紧张时，请想一想这是挑战反应在起作用，是在为接下来的工作做准备。要问一问自己，当下所面临的挑战，对自己来说为什么很重要？——要基于这种心理动机去应对挑战。

无论身体发出什么样的信号（症状），都不要想着去消除它。请集中精力去思考，该如何运用不安感带给自己的能量，来实现我们的目标。请问一问自己："为了实现自己的目标，此时此刻，我该做出什么样的行动或选择？"无论什么时候，当我们的人生感到不安时，都可以使用这一方法。

Lesson 13 要点

利用不安的情绪的法则

法则 1 不安能引导我们获得走向成功的能量

→当我们变得不安时，心跳会加速，呼吸也会变得急促，这些症状都被称为“挑战反应”，是为了向我们的大脑和身体输送能量。当我们学会接受这种不安后，将会有助于我们应对困难的状况。

何谓“挑战反应”

→一种为了完成重要的事情，而调动所有必要的能力的生物学本能。身体分泌出肾上腺素，让我们变得更活跃。当我们不安时，感觉胸口发慌，这也属于挑战反应。

>>> 具体的行动

▲因不安而心脏怦怦直跳，开始变得紧张时，要知道所有这些症状都是一种信号，表明你的身体和大脑正在获得能引导你走向成功的能量。不安感能让我们变得更有活力。

▲将不安和焦虑的感觉，理解为让自己兴奋的动力（这样一来，会感觉更加自信，也会做好准备）。

法则 2 不安可以防止出现筋疲力尽的感觉

→不安能给我们带来活力，理解了这一点，将能防止出现筋疲力尽的感觉。将不安视作可以利用的能量，这样才不易疲劳。

>>> 具体的行动

每次面对会令人不安的“高压”工作时，想象“不安能给我们带来活力”“随着时间的增加，其效果也会变得更显著”。

法则 3　思考不安情绪是如何帮助我们的

→当心脏怦怦直跳，呼吸也变得急促，感到身体有些紧张时，请想一想这是挑战反应在起作用，是在为接下来的工作做准备。

>>> 具体的行动

▲集中精力去思考，该如何运用不安感带给自己的能量，来实现我们的目标。

▲请问一问自己：“为了实现自己的目标，此时此刻，我该做出什么样的行动或选择？”

千万不要做

▲因不安而心脏怦怦直跳，开始变得紧张时，将其视作“这次机会可能会出岔子的先兆”。

▲基于“为了取得好成绩，必须消除不安情绪”的想法，将精力都用在抑制不安的情绪上。

Lesson 14
克服“紧张症”的法则

在重要的客户面前发言时，或者在朋友的结婚典礼上发言时，我们常常会感到特别紧张、特别不安，没办法按内心所想的那样去发言或行动。有没有什么方法，能克服这种“紧张症”呢？

TED 舞台上发生的事情

2013 年 6 月，在苏格兰的爱丁堡，TED Global 节目[①]即将开始前的一小时，包括我在内的四名演讲者正在休息室里候场。我们每一个人都被反复告知“这将是你人生中最重要的一场演讲”，因为演讲的视频会被上传到互联网上，将会有超出想象的数量的人观看到这次演讲。

我们每个人都产生了不安的情绪。实际上，休息室里聊天的话题只有一个，那就是自己有多么紧张，该如何应对这种紧张情绪。

① 世界著名的演讲类节目《TED 大会》的衍生演讲会。

在我之前出场的演讲者，就在台上遭遇了卡壳的问题。虽然她明显看起来很紧张，但是一开始还算顺利。不过，到了演讲的中段，她忽然忘了自己想说什么，也忘了自己讲到哪部分了。这种情况下，虽然可以重新开始自己的演讲，但是她并没有这样做，而是一直僵在那里。好几次张开嘴巴，想要继续说下去，但是在开始发言之前，她又让自己沉默了下来。她缓缓地转过身，让自己背对着观众，脸上是快要哭出来的表情。

TED 节目的主办方跑上台去给她递水，并不断地鼓励她。这时，意想不到的事情发生了，台下的观众都起身为她鼓掌。

这使得她重新振作起来。几分钟后，她重新回到舞台的中心，从中断的部分继续她的演讲。这一次，她不仅让自己镇静下来，而且后半段的演讲明显比前面表现得更有说服力。在演讲结束时，她收获了来自台下观众更大、更热烈的起立鼓掌。

轮到我出场前，TED 节目的助理在台下小声提醒我不要让她的事情影响到我。接着，我就向台上走去。其实，我心想，就算受到了影响也没什么，不过是证明了哪怕是成功的、有才华的心理学家，也会因为紧张而在台上出错而已。

当我走到台上以后，我内心的不安反而消失了。之前，当我跟别人说自己要去参加 TED 节目时，大家都会跟我说“当你第一次站到 TED 舞台上那个著名的‘小红点’上时，肯定会陷入完全的恐慌中”。而我那已经参加过两次 TED 节目的双胞胎妹妹，则以过来人的身份开导我，“即使那样也别感到害怕，因为不管是谁都会紧张的”。

当我站在红点上时，我一边环顾台下的观众，一边真实地感受自己身体的反应。令人吃惊的是，我很冷静。事实上，当我开始在这种开放式的舞台上发言时，我表现得比以往任何一次演讲都更加冷静。

我为什么要把这个故事说给大家听呢？因为，我时常会思考当时的经历——那位中断了演讲的女士，她的演讲（或者说表现），完全改变了我的“紧张症”。

相信自己会获得支持，表现才会更好

我从不认为要想在压力之下做好工作，就必须先让自己镇静下来。就像前文所说的那样，应该利用好不安的情绪。其实，科学家已经证明了“将焦虑的状态看作一种能量和刺激，就能帮助我们打开困难的局面”。

另外，我在 TED 节目演讲时表现出的自信，的确将我和观众更紧密地联系到了一起。这让我能将想表达的内容更好地传递给对方。而在我之前的那位演讲者，之所以能在那次“危机”后重新站起来，并最终成功地将信息传递给她的听众，同样是源于其内心涌起的自信。

这种自信，与我们的个人状态没有任何关系。与我们事前是否准备充分、自尊心的高低等，也都没有关系。同样也并非来自我们确信自己所说的内容是有价值的，或者自己所说的内容值得一听。这种自信，主要来自我们相信“台下的观众是会支持我们的”这样的信念。

虽然 TED 节目的助理担心前面一位演讲者的表现可能会让我变得更加不安，实际情况却正好相反。因为，我亲眼看到台下的观众，他们对正处于“最糟糕的噩梦”中的那位演讲者所表现出的态度。他们起身鼓掌的行为，正是对其鼓励和宽容的最直接的体现——要知道仅仅几分钟前，那位演讲者对于观众来说，还只是“别人”。

这也是那些调查压力之下的行为的研究者所观察到的典型事例。演讲者、选手或者其他发言者，当他们确信能够获得台下观众的支持时，其表现往往都会更棒。但是，如果他们感到台下的观众是在批评自己，对自己的失败表现出失望，事态就会变得很难进行下去了。

“自己是如何看待观众的”也很重要

对于那些即将进行重要发言的学生，我会给他们讲这个故事，同时与其分享“关于紧张症的科学”。因为他们很可能认为，要克服紧张情绪，只需要把台下的观众当作来支持自己的人就可以了。但是，比起观众到底是会肯定自己，还是会批评自己这样的现实情况来，发言者自己是如何看待观众的，这一点才显得更为重要。

大部分情况下，我们都很难察觉观众内心的想法。取而代之的是，我们自身的思维模式（心态、思维方式）会对自己产生很大影响。你平时就认为别人会支持自己吗？还是说，你觉得别人会批评自己？发言者自己平时就是一个好观众，会去支持其他演讲者或发言者吗？还是说，自己平时就倾向于批评和指责台上的发言者呢？

当我们养成了一种乐意去支持他人的思维模式后，就会给演讲者带来深远的影响。即我们相信观众会支持自己，同时也愿意做一名支持其他发言者的观众。当你担心会受到批评、指责时，请回想一下大家真正期待的，是与发言者联系在一起，给予发言者更多鼓励。当在结婚典礼上想邀请大家一起干杯，或者在工作中想提出一个新的构思时，都可以尝试上面这样的做法。无论在什么情况下，我们都要想着观众中肯定有一个人是非常支持我们的（说不定，支持你的人会比你想象的更多）。

在进行发言或演讲时，试着在观众中找到这样的人。那个人会带着微笑，并且与你有眼神的交流。他们的关注能给你带来勇气和力量。你可以把注意力转向这些人，就好像整个演讲是在与他们进行交流一样。

培养这种思维模式的另一种方法，就是时刻记着让自己做一名“能给其他演讲者以自信的观众”。就像自己所渴求的那样，请给予台上的演讲者更多的关注。无论演讲者是很自然还是很紧张的状态，都要能与其产生共鸣。当你想提出超出必要范围的批评时，请试着找出对方值得尊敬或者有趣的一面。

当你在观众席上表现出这样积极的状态时，演讲者将会注意到你，并以与你交流的状态来进行演讲，你与演讲者之间都能互相感觉到正能量的交换。在理解了这一点以后，等你走上舞台拿起话筒时，就能更好地利用这种作用。

其实，在我走上 TED 的舞台时，之所以那样充满自信，就是因为确信我与上一位演讲者之间，有着一种强烈的联系。我作为一名观众，同样也是一名演讲者，“我想去帮助她，想为她鼓劲”的想法，让我对她产生了共鸣。这让我的思维转变成了想要支持她的思维模式。我与观众之间也产生了正能量的交换，这种能量使得我能够走向自己的舞台。因此，当我站在舞台上时，正在接受着自己创造出的这种正能量。在那个瞬间，鼓励我的能量就变成了勇气。

我在演讲时感受到观众在支持我这一点，未必能找出确凿的证据，但让我养成了去积极利用这种支持的思维模式。而且，还要能向他人提供这种支持，让他们感受到自己是被认可、被信任的。

Lesson 14　要点

克服“紧张症”法则

法则 1　相信周围人（观众）是会支持我的

→演讲者、选手或者其他发言者，当他们确信能够获得台下观众的支持时，其表现往往都会更棒。但是，如果他们感到台下的观众是在批评自己，对自己的失败表现出失望，事态就会变得很难进行下去了。比起观众到底是会肯定自己，还是会批评自己这样的现实情况来，发言者自己是如何看待观众的，这一点才显得更为重要。

>>> 具体的行动

▲请回想一下大家真正期待的，是与发言者联系在一起，给予发言者更多鼓励。

▲无论在什么情况下，我们都要想着观众中肯定有一个人是非常支持我们的。

▲在进行发言或演讲时，试着在观众中找到这样的人。那个人会带着微笑，并且与你有眼神的交流。他们的关注能给你带来勇气和力量。你可以把注意力转向这些人，就好像整个演讲是在与他们进行交流一样。

法则 2　时刻记着让自己成为一名“能给其他演讲者以自信的观众”

→当你在观众席上表现出这样积极的状态时，你与演讲者之间能互相感觉到正能量的交换，要能更好地利用这种作用。在理解了这一点以后，等你走上舞台拿起话筒时，就能感知到观众是支持你的。还要能向他人提供这种支持，让他们感受到自己是被认可、被信任的。

>>> 具体的行动

▲就像自己所渴求的那样，请给予台上的演讲者更多的关注。

▲无论演讲者是很自然还是很紧张的状态，都要能与其产生共鸣。

▲当你想提出超出必要范围的批评时，请试着找出对方值得尊敬或者有趣的一面。

千万不要做

▲以不关心或批评的态度，听对方（发言者、登台者）的发言。

▲平时总认为他人是会批评自己的。

Lesson 15

善用忌妒：激发你的行动力

当听到同事获得成功或晋升的消息时，你是什么样的心情呢？大部分情况下，应该是一种比较复杂的心境吧。当然，多多少少也会想要去祝贺对方，不过，同时多少也会有一点儿忌妒吧。或者，说不定你会非常忌妒对方呢。

这是因为，当我们听说周围的 ××× 获得成功的时候，就会很自然地进入一个社交性的比较的过程。也就是说，我们会将 ××× 拿来与自己进行比较。例如，为什么成功的是他，而不是我？他有什么能力是我没有的吗？我到底是哪里做错了，总是不能成功？我也应该能达成自己的目标吧？等等。

忌妒心通常会被认为是一种负面的情绪。它将伤害我们的自尊心，使我们心情低落，还容易动怒，有时也会对人际关系造成破坏。当我们忌妒某人时，基本上一般的反应就是想要去打倒对方，或者说对方的坏话，咒骂对方“今后肯定要失败”。

在职场上，一旦产生了忌妒心理，就会使我们对工作的满意度下降，也会破坏和同事之间的团结。如果我们在工作中对谁有了忌妒心，不仅会对其表现出敌意，而且容易对与其共事的其他同事也产生疏远感，从而在需要帮助的时候，难以开口寻求周围人的帮助。同样地，我们也变得不愿意去帮助他人，不想多去了解自己的同事。

忌妒心也有其益处

几乎在所有的情况下，忌妒心都是有害的，但有时其也会对我们有帮助作用。例如，当我们产生忌妒心后，反而能更加明确自己真正想要的东西是什么，因为正是这种欲望引诱着我们拼命想去追求。在工作中有了忌妒情绪后，我们会变得更加卖力，也愿意去和自己的导师进行对话、交流。自己将会注意到："为了实现目标，要不要对一直以来坚持的方法做出改变？还是说，有必要对一直所追求的目标做出一些修正？"但是，像敌意、自我否定、放弃目标等因忌妒心理而产生的最本能的反应，将会给上述这些忌妒心的益处带来妨碍。

那么，如何才能将有害的忌妒心转变成正能量呢？面对如此难以驾驭，同时又让人颇感兴趣的负面情绪，怎样才能正确加以应对，并从中获益呢？请参考下面介绍的三种方法。

将有害的“忌妒心”转变为“正能量”的方法

①将自己的想法说给某人听

有调查显示，忌妒心是人们最不愿意承认的一种情感，因为人们都很担心，一旦自己内心的忌妒情绪被人知晓，将会受到他人的蔑视。这使得我们的情绪无法得到正常的宣泄，总是被微不足道的事情所困扰。如果任由这种忌妒心理发展下去，还会产生自我丧失感，很容易对忌妒的对象表现出愤怒。同时，我们也会更倾向于贬低那些所谓的“幸运儿”。

以我自己的情况来说，我几乎不会与我的丈夫讨论有关忌妒心的话题。幸运的是，我有一帮值得信赖的好友，所以我能将自己的想法说给他们听。

这些朋友最了不起的地方是，他们都能理解忌妒心是一种破坏性的东西。因此，他们不会跟着我一道去咒骂我忌妒的对象，而是对我予以体谅，鼓励我向着自己的目标去努力。

如果当前你没有可以坦白忌妒心理的朋友或同事，我建议你抱着理解和帮助的心情，先去找机会帮助那些忌妒他人或自我否定的人。这就是心理学家们常说的“在社交关系中，将自己想要的东西先给予他人”的一个例子。这是我们构建强有力的人际关系网最有效的方法。

②把忌妒心看作提示欲望的信号

我最在乎的一种忌妒心理，就是“当听说谁取得了什么成就，或者做出了什么成绩时，我内心的那种忌妒感觉”，而不是“（别人得奖或者进入畅销书作者排行榜等）当谁受到他人的认可时，我内心那种忌妒的感觉”。当我觉得自己要是这个活动中的一名讲师就好了，自己要是能像他一样，靠自己的能力创办出这样一个有影响的团体就好了时，我的内心就会开始提示一些重要的东西。也许这是因为我对当下的人生还有不满足之处吧。但是，如果我能找出来忌妒的原因，相信我也能做得更好。

实际上，多亏了这种忌妒的心理，人们才有勇气去挑战平时总感到胆怯的事情。十几年前，因为对自由搏击的教练产生了忌妒之情，我才有了考取健身教练资格的动力。因为听到某个作家在电台讨论自己的著作，我产生了忌妒心，从而下定决定要将自己热爱的心理学知识也写成图书。

当你也有这样的忌妒心时，请务必多加留意。当对同事的晋升感到忌妒时，请问一问自己，那份工作为什么很吸引你？你忌妒的仅仅是某人得到了认可，并获得了报酬吗？还是说，你真的也很想去做那份工作？在我们认真思考的过程中，那种超越了称赞与收益的、自己内心真正渴求的东西，才会一点点地浮出水面，我们才会知道自己到底被什么所牵引。

然后，为了接近这一目标，请尝试进行必要的行动或挑战。

忌妒心不应该被当作自我否定的依据，而应是激发行为的契机。你所忌妒的对象，也应该被你看作了解自己未来可能性的契机。那个人成功了，并不表示你就不可能得到自己想要的东西。只要你有这种强烈的愿望，就证明你也能做出那样的，或者与其相类似的成绩。

当注意到这个事实后，你才能从自我丧失和敌意这两个忌妒心带来的最坏效果中解放出来。

③再怎么忌妒，也要祝贺他人的成功

人往往都想要躲避自己忌妒的对象，哪怕只是对方出现在附近，我们也会感到很痛苦。因为这会让人想起自己的不足之处，或者每天都会感到的那种不公平。在工作中，也会以各种形式表现出来，如有意回避与其共同参与某个项目，甚至有意回避在走廊里碰面相互打招呼。

像这样极力去回避对方，其实是特别错误的行为。你忌妒的对象并不是你的敌人，他也可能是你潜在的盟友，或者良师益友，哪怕是目前与你有着直接竞争关系的人。说得极端点，将来也许会成为你必须密切合作的同事。那么，如果你现在总是回避他，就相当于让自己从未来很重要的合作关系中脱离了出来。如果你现在能深化与其的关系，他的成功也有可能会“传染”给你哦。

与以同事为代表的所有人构筑关系的最佳方式，就是发自内

心地去祝贺他人所获得的成功或幸运。要做到这一点，你需要真正转换自己的思维模式（心态、思维方式）。那种虚情假意的祝贺，别人很明显就能看出来。（而且，这种缺少真情实意的行为，反过来会显得特别显眼。）为了能够表达发自内心的祝贺，应先遵照之前提到的①②两条法则。

这样也能让我们从同事的成功中了解到更多的内容。虽然表面上看起来是轻轻松松就获得了成功，但对方的现实生活是很复杂的。哪怕我们了解不到具体的情况，对方为了达成目标所做出的奋斗和努力，也是很容易想象出来的。为了成功，他们可能在人际关系、健康以及其他的目标等方面做出了牺牲。而且，他也可能和你一样，迫切地希望能做出什么贡献，让他人认可自己的努力。

这样一来，即使还是会觉得“要是我也能有这么幸运就好了”，内心也能够真正去理解对方的幸福感。

这种思维模式的转换，可以消除原本有害的“忌妒之毒”。只有当你认为“那种不配成功的人，竟然也成功了”“那个人收获了幸运，我的幸运就变得渺茫了”的时候，忌妒心对你的幸福才具有真正的破坏力。另外，如果我们能关注自己的忌妒情绪，并对他人的成功同样感到喜悦，那么，实际上也等于拓宽了通往成功与幸福的道路。

Lesson 15 要点

让忌妒心变为正能量的法则

法则 1 将自己的想法说给某人听

→忌妒心是人们最不愿意承认的一种情感。忌妒心理会使得我们的情绪无法得到正常的宣泄，总是被微不足道的事情所困扰，还会产生自我丧失感。将忌妒的想法说给值得信赖的人听，以从对方那里获得帮助。

如果当前你没有可以坦白忌妒心理的朋友或同事，我建议你抱着理解和帮助的心情，先去找机会帮助那些忌妒他人或自我否定的人。将自己想要的东西先给予他人，这是我们构建强有力的人际关系网最有效的方法。

法则 2 把忌妒心看作提示欲望的信号

→当产生忌妒心后，反而能更加明确自己真正想要的东西是什么。正是这种欲望，引诱着我们拼命想去追求，也让人有勇气去挑战平时总感到胆怯的事物。只要你有这种强烈的愿望，就证明你也能做出那样的，或者与其相类似的成绩。

→当注意到这个事实后，你才能从自我丧失和敌意这两个忌妒心带来的最坏效果中解放出来。

>>> 具体的行动

▲问一问自己，到底对什么感到忌妒。

→在认真思考的过程中，我们才会知道自己一直被什么所吸引。

▲为了接近这一目标，请尝试进行必要的行动或挑战。

→忌妒心不应该被用作自我否定的依据，而应是激发行为的契机。

法则 3　再怎么忌妒，也要祝贺他人的成功

→人往往都想要躲避自己忌妒的对象，其实这是特别错误的行为。你忌妒的对象并不是你的敌人，他可能是你潜在的盟友，或者良师益友，哪怕是目前与你有着直接竞争关系的人。如果你现在总是回避他，就相当于让自己从未来很重要的合作关系中脱离了出来。如果你现在能深化与其的关系，他的成功也有可能会“传染”给你哦。

与以同事为代表的所有人构筑关系的最佳方式，就是发自内心地去祝贺他人所获得的成功或幸运。为了能够表达发自内心的祝贺，应先遵照前面提到的 1、2 两条法则。

实践了这三条法则以后会怎么样？

思维模式的转换，可以消除原本有害的“忌妒之毒”。更多地关注自己的忌妒情绪，并对他人的成功同样感到喜悦，实际上也等于拓宽了通往成功与幸福的道路。

千万不要做

▲认为“那种不配成功的人，竟然也成功了”“那个人收获了幸运，我的幸运就变得渺茫了”。

→这种时候，忌妒心对你的幸福才具有真正的破坏力。

04

跨越沟通的迷思

幸福感和精神层面上的健康，
并不取决于你从事什么工作，
而是在于你如何看待一起共事的人！

Lesson 16

大脑的“烦恼程序”：消除职场负面人际关系

你是否曾因职场上的人际关系问题而夜不能寐？如果答案是肯定的，也不必太担心，因为不是只有你一个人在面对这一问题。2014 年，一项以 3.7 万多名日本正式雇员为对象进行的调查显示，对职场人际关系感到烦恼的人，与没有这方面问题的人相比，更容易饱受失眠之苦。相较于工作的负担来，忌妒心、敌对心、对同事的失望等，这些在职场上遭遇的社交压力，会让我们更加苦不堪言。

那么，为什么我们会因职场上的人际关系而感到烦恼呢？对于所从事的工作，我们往往在意的是工作的内容，但是，我们精神层面上的健康以及幸福感，取决于如何看待一起共事的人。

首先，人是社交动物，当我们感到自己难以融入职场这样的群体（集团）时，或者感觉得不到来自群体的信任时，无论多么有意义的工作，都将会变得毫无意义。比起工作负担的增加、工作压力的增大，以及自己所从事的工作与理想多么不相符，这种属于某一群体的归属感则显得更为重要。在针对工作满意度的测试中，能否感知到与同事之间的友情，是一个重要的判断指标。如果因为办公室政治、个人的人际交往等问题导致信任关系崩塌，当事人会更容易感到疲劳或患上健康问题。

大脑发现社交问题后，就会启动烦恼程序

即使离开了职场，我们也会因私人生活方面的人际交往问题而感到烦恼，这是因为当我们的大脑发现了社交问题的苗头（征兆）后，就会启动烦恼程序，这是为了在社会中生存下来而进化出的一种能力。我们必须弄清楚他人在想什么，只有这样才能预测对方会有什么样的行为。同时，为了自我保护，我们也必须弄清楚谁是敌人。此外，为了避免孤身一人面对困难的局面，我们还需要构建起一张能支援自己的、强有力的人际关系网。

所有这一切都意味着比起其他任何事情来，我们都会更加关注社交方面的问题。

越是无法看懂他人的行为，大脑就越是想去了解这无法预测的世界，并且想去解决这个问题。我们往往会表现得非常敏感，以避免他人瞥见自己令人失望的样子，而面对批评性的意见以及无礼的注视时也是如此，这些都会刺激我们开始思考如何挽回自己的尊严。作为人类，为了维持群体的正常运行，我们往往会对那些破坏社交规范（规则）的人表现出愤怒。因此，当某人做出了不妥的行为，或者你受到不公正的对待时，对于这种不公正的

行为，你会十分愤怒，并且想去报复对方，或者改变其原有的想法。

人类大脑的“规定路线”

这种社交反馈属于一种非常重要的心理习惯，也是我们人类大脑的“规定路线”。实际上，脑科学家已经通过研究证明，即使让一个人独处哪怕短短一分钟的时间，当其思维不集中时，也会感觉到某种形式的社交压力，而这正是我们失眠的原因所在。当你思维不集中时，会开始思考他人的事情、他人是如何看你的，以及应该如何解决人际关系的问题等。

为了更好地应对社交问题，我们首先应该弄清楚这（社交问题）到底给我们带来了多大的影响。要知道，人类有一种天性，即在你的想法中，总是会将不起眼的对立（纠纷）进行扩大和夸张。我们的大脑会敏感地探知一些细微的社交压力，并将一些不起眼的、模棱两可的问题小题大做，将其视作严重的社交问题。所以，当感觉遇到职场上的人际关系问题时，请你好好想一想，也许这只不过是大脑的社交本能所产生的过激反应。

不过，这里也有一个好消息，那就是利用好这种社交本能，能够使我们减轻因职场社交问题而给健康和满意度带来的负面影响，或者至少能让我们在二者（职场社交问题与健康和满意度）之间，找到一种平衡的状态。一般来说，对于如何处理职场上的社交问题，我们经常得到的建议是要关注产生问题的原因。但是，由于我们的大脑已经深陷这一问题，所以职场上的社交问题往往会使我们身心疲惫。

而令人颇感意外的是，与其关注如何解决社交问题，不如多思考一下社交的本能，这才是最佳的方法。

不必去否定这些问题，也没有必要压抑自己的情感——因为这是一场没有胜利者的战争。与其将社交的精力都消耗在这种令人身心疲惫的人际关系上，不如多去努力构建对你有帮助的人际关系。

改善职场人际关系的三个要点

①思考周围是否存在需要帮助的人

请问一问自己，在我们身边是否存在需要帮助的人。因办公室政治而备受压力时，我们会特别介意同事的所作所为，要知道“也许其他人和我们有一样的想法呢”。所以，与其沉默不语、焦虑不安，不如想一想我们能否去帮助他人。有没有谁希望我们去倾听他的想法？有没有谁因为内部的矛盾而成为众矢之的？我们能做些什么，才能让他的生活轻松、快乐一些呢？

②亲身实践“职场上的善意”

请尝试释放出职场上的善意。虽然你可能认为人们在职场上所遭遇的社交压力属于私人问题，但是，帮助他人确实有助于我们应对自身所面对的压力。

职场上小小的善意行为将有助于我们构建合作型的人际关系，这也是我们保持职场健康与幸福的关键。这种主动的社交接触能激发我们的干劲，并能起到“解毒剂”的作用，排除因社交问题而产生的“毒素”。

③承认他人的贡献，并向其表示感谢

要让他人感觉获得了你的认可，并被群体所接受。职场社交问题最令人厌恶的一点，就是会让人感到“自己并不属于群体（职场）中的一员”。然而，迫切地表现出想得到周围人的认可、想被群体所接受，又会给人以要强、有野心的印象。虽然听起来很矛盾，但是根据研究显示，能让你提升归属感的最佳方法，其实是时刻记得给他人以很高的认可。承认他人对工作做出的贡献，并向其表示感谢，同时对于工作以外的个人生活也要发自内心地表示关切。

这些做法未必能解决职场上所有要面对的问题，但能帮助我们减轻因这类问题带来的负面影响。通过一系列研究，我们发现在职场上能够强烈感受到来自社交方面的支援的人，表现出情绪低落、精神萎靡，或者因职场社交问题而烦恼的可能性会比其他人更低。因为对于这一类人来说，来自上司的批评或者同事恶劣的态度，对其工作时的心态以及满意度所产生的负面影响都会更小。

无论我们多么努力，都无法回避办公室政治。无论我们多么小心谨慎，都无法完全解决人际关系上的问题。但是，我们可以通过努力构建职场上的友情与合作关系，更好地应对这些问题。

Lesson 16 要点

职场人际关系法则

法则 1 比起所从事的工作内容来，我们更应该关注如何看待一起共事的人

→人是社交动物，比起工作的负担来，职场的社交压力更加让我们苦不堪言。

>>> 具体的行动

▲在针对工作满意度的测试中，能否感知到与同事之间的友情，是一项重要的判断指标。

▲构建可以支援自己的人际关系网。

改善职场人际关系的法则

法则 2 思考周围是否存在需要帮助的人

→当我们因职场人际关系而备感压力时，不应该只关注问题的原因。我们应将精力放在构建对自己有帮助的人际关系上。我们还要思考：我们能帮到谁？有没有谁希望我们去倾听他的想法？我们能做些什么，才能让他的生活轻松、快乐一些呢？

>>> 具体的行动

▲因为办公室政治而备感压力时，我们会特别介意同事的所作所为，要知道“也许其他人和我们有一样的想法呢”。

▲不要沉默不语、焦虑不安，而是要想一想我们能否去帮助他人。

法则 3　亲身实践“职场上的善意”

→在职场上帮助他人，这也有助于我们减轻自身的压力。积极的行为能带来干劲，同时也能弱化因社交问题带来的负面影响。

>>> 具体的行动

▲尝试在职场上释放出小小的善意。

→这种主动的社交接触能激发我们的干劲，并能起到“解毒剂”的作用，排除因社交问题而产生的“毒素”。

法则 4　承认他人的贡献，并向其表示感谢

→要让他人感到获得了你的认可，并且被群体所接受。

>>> 具体的行动

▲承认他人对工作做出的贡献。

▲对其工作以外的个人生活也要发自内心地表示关切。

千万不要做

▲让自己孤身一人去面对难题。

▲过分关注如何解决社交问题。

Lesson 17
有意识的贡献：增强团队参与感

在斯坦福大学，几乎所有的美国学生在入学时都坚信自己是优等生这样的“神话”。我将他们称为“孜孜不倦的贡献者”。他们在课堂上总是会频繁地发言，因为他们相信以这样的方式，可以让老师看到自己有多聪明、多么认真地对待这门课。他们做出的这些贡献，可以说是为了创造吸引教授和其他学生关注的绝好机会。他们并非是真的有疑问才提出问题的，他们之所以这样做，有时只是为了让自己显得很聪明而已。

相对地，很多外国学生就是一副完全不同的优等生的样子。他们认为做一个有礼貌的旁观者才是优等生该有的姿态，所以比起自己主动发言来，他们更愿意听其他人说，这样自己能从中学到很多东西。他们害怕因为自己的发言而打断教授的讲话，同时也没兴趣让自己成为众人关注的焦点。

频繁发言的美国学生，倾听他人发言的外国学生

美国学生与外国学生表现出的这两种状态，都有其一定的价

值，但是任何一方都不能算是真正理想的状态。一方面，发言最多的学生，往往会给人很有自信的印象，但是从班级整体的学习效果来看，其行为并没有做出什么贡献。他们做出的贡献，仅限于对自己而言，让自己显得很聪明，让周围的人都觉得他们认真阅读过与课题相关的书籍，用自己的意见去说服其他的学生，等等。这些只不过是为了满足自我的需求而已。

另一方面，无论是出于礼貌，还是缺乏自信，抑或单纯的习惯，不管是什么理由，几乎从不发表意见的学生，可以说也一样对班级没有做出任何贡献。“多去倾听，让自己从中学到更多”——这的确没问题，但是一直沉默就难免会被孤立。别的学生无法从他的意见中得到什么信息，他又很少发表观点，这会让教授对他的想法知之甚少。与那种会掌控讨论的学生相比，他们简直可以说都是“好好市民”了。但是，这种希望通过毫不夸张的提问和观点来昭示自己存在感的学生，将很难与周围的人建立起人际关系。对此，我深有体会，因为我自己原先就是这样一个安静的学生。

在念研究生院课程时，我几乎从未在课堂上或研讨会上发过言。例如，我念了五年心理学专业的博士课程，当时每周都会召开一次由全体心理学专业的师生参加的研讨会，所以我也不得不出席会议。

约三十人齐聚会议室，大家一起围坐在一张大桌子前。每次都会从外校邀请专家来做演讲嘉宾。在其演讲结束以后，就会进入讨论的时间。

在我作为研究生院的学生参加研讨会的前三年里，竟从未提问过或发表过观点。虽然其他学生会发言，但并不是要求每个人都这么做。有时，我也会有“就 ×× 问题进行发言”的念头，但是这种时候心脏都会跳得很厉害。由于自己特别紧张，最终还是没能发言。有时，我也会想对前辈老师的观点提出异议，转念一想，要是我的意见被大家说成是毫无见地的内容，那可怎么办哪?

有一天，我和参加例会的一位教授聊天。当时，我在做她的人格心理学课程的助教。

我们闲聊的话题是最近一次嘉宾演讲的内容，我将自己的看法说给她听。听完，她对我这样说道：“凯利，你为什么在研讨会上全程不发言呢？明明你的观点和想法都很了不起啊。”

我对于她留意到我“在研讨会上从未发言”这件事感到吃惊，因为我原本只想静静地坐在那里，不想引人注目，但是老师注意到我一直沉默的状态，这是我万万没想到的。而我一直特别担心自己的发言会被认为是很愚蠢的。

不发言的行为，本身也在传递着信息

从不发言，对整个讨论没有贡献，这等于从一个侧面反映出

“我们是如何看待与研究伙伴的关系的”。虽然这并非出自我们的本意，但是这种行为本身，已经向外界传递出了这样的信息——“我认为没必要发言或为讨论做出贡献”。因此，我自身的问题就在于，为了给讨论做出贡献，需要拿出勇气来进行发言，要让自己成为研究团队中的一分子。

于是，接下来的一周，我给自己设定了目标：“不管来做嘉宾演讲的人是谁，我都要向他进行提问，还要发表自己的观点。”而且，我也确实那样去做了。虽然自己很紧张，而且感觉像被大大的探照灯照射着，但是一切进行得还算顺利。

再接下来的一周，我仍然设定了同样的目标，并再次进行了发言。比起上次来，这一次我感觉轻松了许多。一直到这一年的年底，我都在做着同样的事。我考虑的不是自己的发言是否有趣，或表现自己的头脑很聪明，而是当时的演讲者能否接纳我的提问和观点。我想通过我的发言，让老师进行更加深入的思考，并能与我们分享更多的内容。当时，我给她做助教的那位教授，也留意到了我的变化。她为我终于能在研讨会上发言而感到高兴，甚至还告诉我她很受感染。到我在研究生院读四年级时，我已经不再为自己设定“要发言”的目标了。因为那时的我已经能够在头脑里冒出问题和想法时，就很自然地进行发言了。而且，我也与很多老师建立起了非常良好的关系。

我比以前更能表达自己的主张了，也不会再消极。可以说，其中对发言这件事的意识的改变，起到了很大作用。当时一言不发、沉默不语，是因为特别在意别人对自己的看法，尤其是那些比我知识丰富的人或者级别更高的人的看法。我所顾虑的是，发表自己的观点会不会成为让他们批评、批判我的一个理由，而缺少对于自己的观点能否为整个团队的讨论做出贡献的意识。

在我自己教授的学生中，也有很多与我有着同样想法的人，他们关心的焦点只是自己的表现。这样一来，将无法获得“自己做出的贡献是否有助于提升班级整体的学习效果”这样宏大的视角。

当我从更大的视角来重新审视自己在例会中扮演的角色时，我开始意识到为团队做贡献是自己的一种责任。因此，哪怕有比自己经验更丰富的人或者级别更高的人在场，当我认为“我的意见有必要提出来”的时候，我也不再畏缩不前。通过发言为讨论做出贡献，只有这样我才能真正地成为这个集体中的一员。

作为教师也好，导师也好，我所扮演的最重要的一个角色，就是要帮助所有的学生都能完全融入这个集体中。我的工作并不是评价谁的发言更好，而是要营造出让所有人都发声的氛围。

作为实现这一工作目标的方法，我在自己的班级里制定了详细的参与规则。凡是在我的课堂上，无论班级的规模大小，我都会要求学生们做出有意识的贡献。在上课的首日，我会要求学生们注意以下三个要点。

为团队做贡献的三个要点

①上课过程中，发言了几次？

你在班级里，几乎一言不发吗？还是说，在所有的课上，都会进行发言？与其他的学生相比，你发言的次数是多是少？

②对发言的内容，如何进行取舍？

你在提问时，是真的对有疑惑或者感兴趣的地方进行提问吗？还是说，你是出于某种目的，为了提问而提问？抑或你是想通过提问的行为来压制他人？你经常为了表达自己独特的观点而进行提问吗？你的提问主要是明确地指出问题，还是说会提示解决对策的方向？

虽然不存在所谓的“正确答案”，但还是希望你能了解清楚自己的发言动机。最好的发言者，并不会拘泥于自身的兴趣和利益，而是会从团队整体的目标出发，来进行发言。

③为了给他人做出贡献，你需要营造一个什么样的氛围？

你觉得你的存在或者你为班级做出的贡献，能否促使他人也进行发言呢？或者反过来说，你的存在或者你为班级做出的贡献，是否会削弱他人发言的勇气呢？富有攻击性的交流，将会打消他人发言的勇气，也会给整个团队带来最糟糕的结果。而富有建设性的交流，则能给他人以勇气，也能将团队引导向更有效率的方向。你在发言时，一定要留意自己的行为到底起到了哪方面的作用。

我会要求学生们绘制出这样一个贡献的范围：一头是沉默不语，另一头是想要发言，然后思考自己在这个范围中处于哪个位置。我希望所有人都尽可能地让自己靠近正中间的位置，这才是你应该达到的状态。那些喜欢掌控讨论的学生，应该学着如何做一个更好的倾听者。而那些几乎从不发言也没有为班级做出过贡献的学生，则应该勇敢地从“安全地带”中走出来，主动寻找发言的机会。

真正理想的发言者，应该能在这两种角色之间游刃有余地进行切换。他们要能主动地让出发言权，从而让我们听到其他人的声音。与此同时，当他们冒出有益的想法时，也要能拿出勇气进行发言。

上述这三条有意识的贡献，在我授课的所有班级中都是最重要的内容，但是只有 MBA 的学生在二者的平衡上做得很差劲。这些班级的典型做法，就是想要掌控整个讨论的局面。在嘉宾演讲环节总是第一个提问，总是唱反调，批评其他学生的观点。因此，我告诉 MBA 的学生，不要只想着发言，沉默也是获得别人认可的一个要素。

我对他们说：“一个领导者所应具备的素质，也包括你对所属集团的态度。”例如，要表现出对他人做出的贡献同样投以关注。你的身体语言传递出什么样的感受？别人在发言时，你投以多大的关注？别人在发言时，你如何将自己的态度传递给对方？

大部分 MBA 的学生相信在上课的过程中，最重要的是让自己引人注目，而且只能通过提问和阐述意见来实现这一点。实际上，人们不只关注你发言时的样子（也包括你没在发言时的样子），还会关注你的全部。比起你的积极发言来，像保持沉默这样积极听取他人发言的态度，对于整个团队来说也是很有益处的。我希望 MBA 的学生能够有所醒悟，不要总是频繁地发言，而是通过使用身体语言，或者保持沉默的方式，发挥出领导者的作用。因为将来等他们不再是学生，而是当上经理、管理者时，应该能够引导他人展现出最好的一面，而不仅仅是展示出自己的优秀。

除了语言，你的态度也能得到他人的认可

请仔细思考：有意识的贡献将会在整个交流和沟通过程中扮演多么重要的角色。当别人期待你的发言，或者你被要求发言时，无论什么样的状况下，都要好好地想一想针对上述三个有意识的贡献的问题，自己将如何进行回答。我们发言了几次？对发言的内容，如何进行取舍？为了给他人做出贡献，我们要营造出一个什么样的氛围？

从这种宏大的视角出发，弄清楚自己在团队中的角色，才能一一克服妨碍真正做出贡献的自我本性。到那时，除了你所说的话以外，你的态度也将得到来自周围人的认可。

Lesson 17 要点

对团队有贡献的沟通交流法则

法则 1 要重视对团队做出有意识的贡献

→为了表现自己而在会议上发言，这种行为对团队没有任何贡献。同样地，因为缺乏自信或者想一直保持低调等理由，做出从来不发言的行为，也对团队没有任何贡献。

>>> 具体的行动

▲对自己的表现有所顾虑而选择不发言。

▲为了团队整体的目标而进行发言。

▲要了解自己不发言背后的动机。

▲要留意自己的发言能否给他人以勇气。

法则 2 积极地倾听

>>> 具体的行动

▲身体语言也能为团队做贡献。

▲倾听对方的发言，引导对方展现出好的一面，以这样的方式来为团队做贡献（作为管理者，要能倾听部下的发言）。

千万不要做

▲发言时只顾自己。

▲为了让自己引人注目而进行发言。

Lesson 18
提出意见的方法：帮助对方了解自己

我投入精力去做的另一项工作，就是给他人提意见。无论是第一次上讲台教授心理学课程的研究生，还是想要提升自我技能的资深教授，我都会花很多时间去观察他们的表现，然后提出我的意见。

最初的阶段，我发现无论我提出的是什么样的意见，几乎都会让对方陷入不安的情绪中。甚至我什么还没说呢，有的人就已经开始哭泣了。这些人内心原本就有担心自己不是一个好教师的不安与恐慌。可以想象，当我就他们的表现提出严苛的评价时，似乎将他们的这种恐慌变成了现实。

我曾经以导师的身份对我指导的一名女性进行毫无恶意的提问。结果，她竟然泣不成声。这也是我职业生涯中最糟糕的一次经历。

也许是我对她说的“不具备作为一名教师所必需的素质”这句话，让她产生了误解吧。

在提意见时，不要滥用权力

在开始提意见的最初几年里，我学到了很多东西。其中最重要的一点就是，当我们向对方提出意见时，其实就相当于在行使某种权力，而我们千万不能滥用这一权力。那些希望从意见中学到东西的人，往往也特别容易被我们的意见所伤害。而那些对意见表现出抗拒情绪的人（如立刻替自己辩解、把失败归咎于他人），为了不伤害自我的形象，就想要一味地保护自己。无论对于哪一类人，毫无顾忌地提出严厉的批评意见，都不是一件好事。不管是什么样的批评，都应该以帮助对方成长、对其有益的形式提出来。

基于这些经验，我总结了一些正确提意见的方法。无论我们要在何种状况下提出自己的意见（如对管理部门员工的年终业绩考核、同事之间召开正式项目报告会、作为导师进行教学评价），这些方法都是适用的。

我们在提意见时，应遵从一定的流程，让自己思考如何才能使对方变得更好，从而拉近与对方之间的距离。通过这样的流程，无论是肯定的还是否定的意见，对方都能接受。而且，要知道，这样做的目的并不是为了我们自己，而是为了让对方实现心中的目标，会更有意义。

那么，接下来就介绍一下提意见的具体流程。

提出意见的方法

首先，无论是在哪个领域，都要询问清楚对方的目标是什么

“做这个项目的意图或目的是什么？”“在这次会议上最想达成的事项是什么？”“想要做出什么样的贡献？”通过这样的提问，我们能够将关注点放在当事人的使命或愿景上，而不是对其个人的认可。这样一来，对方才能有一个开放的心态，面对肯定或否定的意见。

其次，让其回顾自身的经历——与自身表现无关的事情

我们可以像这样来提问：“这个项目（或者课程、会议等）有什么过人之处？”“这种经历和过程，对你来说意味着什么？”“有什么令人吃惊的地方？”不要马上向对方表示称赞或批评，而是以这样的问题，让对方回顾自己的实际经历。

最后，问一些能让心情变好的问题

“达成了什么目标吗？”“对于自己的表现，有没有觉得特别满意的部分？”“对于之前的经历以及自己的所作所为、工作业绩等方面，有没有值得被认可的瞬间？”当找到当事人身上的“亮点”以后，我们就可以对其背后的内容进行追问了。如：“当时，你主要想的是什么？你的精力集中在哪方面了？”“你是主动去承担风险，迎接新的挑战吗？”“有没有从别人那里获得

帮助？”……

像这样，让对方回顾自己的经历后，我们至少可以就其表现中的某一个方面发表自己的意见。可能的话，还要将我们观察到的内容和意见，与对方所描述的目标相联系。将我们所关注到的点，以及我们认为对方所具有的优势和付出的努力，都传达给对方。

我们之所以要这么做，不只是为了让对方心情好一点，以便为之后的否定意见做铺垫，更是希望对方能看到最好的自己。这样，对方才会愿意就自己的目标和表现接受他人的意见。

在这一步，首次就“是否存在令人失望的地方”进行提问

“自己的表现是否与期待的有所不同呢？”“现在回想起来，有没有失败的地方？”根据我的个人经验，大部分人对于自己埋头奋斗的特别感兴趣的事情，总能发现一些问题。实际上，和我一起共事过的人，当我向他们提出这样的问题后，他们几乎都会开始进行自我批评！当然，我们未必一定要向对方提出这种问题，但这的确是有调查价值的、能让人成长的问题。也许对方给出的答案与我们原本所考虑的内容不一致，但其与我们所关注的点总会有某种形式的关联。而且，关于当事人内心的目标，以及我们所观察到的内容等，都是以对话的形式提出来的。因此，相较于以往被动的、让人感到羞愧的批评，这样的方式更能让当事人在

内心主动形成某种认识和了解。

哪怕没有什么特别重要的意见，我也会提醒对方一些值得注意的地方。例如，当我认为对方演讲前的准备不够充分，而当事人自己并未提及这一点时，我就会询问对方事先准备的过程。“在准备的时候，是否可以再多下点儿功夫呢？”我还会与其分享自己每次做会前准备的经验，并说明这么做能带来多大的帮助。重要的是，这样的讨论是没有所谓的正确答案的。我们不应该只是单纯地去斥责对方，告诉对方该怎么做，而是要与其推心置腹，思考如何才能充分发挥出自己的实力，以及如何集中精力来加以改善。

以没有结论的对话，来结束这一流程

有时，双方的交流会演变成闲聊，或者聊到当事人未来的目标等话题上。这时，我会留心以协助式的、能构建起相互信赖关系的、乐观的表达方式提出批评性的意见。只要双方存在信赖关系，就可以在这样的氛围中向其提出否定的意见。

当我将这种提意见的方法教给其他做上司和导师的人时，不少人最初都会抱以怀疑的眼光。他们怀疑的是，人们会诚实地自我反思吗？那样做难道不是在浪费时间吗？直接指出对方错在哪里不就行了？是的，直截了当地提出意见，确实能在短时间内让当上司的人感到轻松、方便，但以我的经验，从长远的角度来看，

这不利于帮助他人做出改变和成长。相比之下，以回顾的方式通过对话来提出意见会更有效果。当我说服同事们去尝试这一方法后，他们大多表现出欣喜与吃惊。斯坦福大学的一位老师最近还跟我说：“我再也不想用以前那种提意见的方法了。”

采用这种提意见的方法，真的能带来很多好处。通过这一方法，我们能以不同的视角来看待我们评论的对象。不会再将对方当作我们要去改正的对象，而是视为一个个有着目标与决心，同时还有着自己也不太了解的素质的人。我的工作就是帮助其逐渐了解自己，从而促使其成长。在他们还没有清楚地了解自己之前，我必须关注他们可以达到的最佳状态，这样才能给他们提意见，帮助其获得最好的成长机会。

比较难得的是，最近已没有人会因恐慌或失望而流泪了。不过，也有人因为我所做的工作而感动得流泪呢。

Lesson 18　要点

提意见的法则

法则 1　首先，要询问清楚对方的目标是什么

→通过这样的提问，我们能够将关注点放在当事人的使命或愿景上，而不是对其个人的认可。

具体的提问

▲做这个项目的意图或目的是什么？

▲在这次会议上最想达成的事项是什么？

▲想要做出什么样的贡献？

法则 2　其次，让其回顾自身的经历

→不要马上向对方表示称赞或批评，而是以这样的问题，让对方回顾自己的实际经历。

具体的提问

▲这个项目（或者课程、会议等）有什么过人之处？

▲这种经历和过程，对你来说意味着什么？

▲有什么令人吃惊的地方？

法则 3 再次，问一些能让心情变好的问题

至少可以就其表现中的某一个方面发表意见。

→当能看到最好的自己时，对方才会愿意就自己的目标和表现，接受他人的意见。

具体的提问

▲达成了什么目标吗？

▲对于自己的表现，有没有觉得特别满意的部分？

▲对于之前的经历以及自己的所作所为、工作业绩等方面，有没有值得被认可的瞬间？

▲当时，你主要想的是什么？你的精力集中在哪方面了？

▲你是主动去承担风险，迎接新的挑战吗？

▲有没有从别人那里获得帮助？

法则 4 在这一步，首次就“是否存在令人失望的地方”进行提问

→当提出这种问题后，大部分人对于自己埋头奋斗的特别感兴趣的事情，总是能发现出一些问题的。

具体的提问

▲自己的表现是否与期待的有所不同呢？

▲现在回想起来，有没有失败的地方？

法则 5　以没有结论的对话，来结束这一流程

千万不要做

▲将评论的对象当作我们要去改正的对象。

Lesson 19

有效的道歉：增强信赖

以道谢的方式来进行道歉，这让我从中学到了很多。

差不多两年前，一个我曾经做过她导师的学生，给我写了一封长长的感谢信，就我在过去四年间给予她的支持表达了谢意。信中充满了具体的回忆以及感激之情，是一封非常真诚的邮件。我想，任何一个老师收到这样一封信，都会为之感动的。

但是，说起来非常不好意思，我当时忘记给她回信了。

因为就在同一天，我的另一个学生的个人问题面临着困境，所以我的注意力全放到他的身上了，以至于没顾得上感谢信这件事。直到两周后，当我再次想起这件事时，马上就后悔没有及时给她回信。这显得非常失礼，而且对对方也是一种轻视，是不可原谅的错误。

因为没有回信，这让我觉得那个学生在信中所写的关于我的一切，都像是凭空捏造的（当然，我的确做过那些事情，但当时我的想法就是这样的）。

更遗憾的是，由于我感到特别不好意思，所以还是没能立刻回信，告诉她“我为没有及时回信而抱歉”。我没有弥补自己的过失，甚至明知自己犯了错，表面上仍装出什么也没发生的样子。原本应该作为道歉动机的羞耻心，反而成了一种障碍。

这并不是我第一次陷入这种心理“陷阱”中。无论是在工作上，还是私人生活上，我都很难拿出勇气去向别人道歉。岂止不会道歉，我甚至会希望对方最好能忘了我所犯的错，这样的话我也就不用去弥补什么了。由于无法坦诚地向对方表达自己的歉意，我肯定因此让很多人感到过失望。

说句“对不起”是一件很困难的事情。也许有些人的理由与我的（如羞耻心）不尽相同，但恐怕也会找到别的理由吧。很多人是害怕因为道歉而让自己显得很被动，其背后往往有着这样的心理：道歉，会暴露出自己的弱点。而某些情况下，弱点会被误解为是一种弱势。

斯坦福大学商学院进行的研究显示，比起那些会选择道歉的男性，没有为自己所犯的错而承担责任的男性，至少在短时期内（而且，并非从遭受不公正对待的当事人的角度，而是从第三方的角度来看）他们会被认为是强有力的人。这个研究结果，我在很长时间里都有印象。

不过，这也并非涵盖了所有的情况。另一项研究则显示，从意想不到的人那里（如男性或比自己地位高的人）获得的道歉会特别有效果，而道歉者自身会得到较高的认可。该道歉的时候就去道歉，也许这样你会得到更高的认可。

在某些情况下，道歉的行为并不意味着是展示个人的弱势，而是被视作经济上或法律上的一种义务。当公司的高管、政治家或者医生因为自身犯了错而陷入困难的境地时，他们最初得到的建议都是什么也别承认。因为很多人害怕自己一旦承认了错误，就会引来诉讼，最终导致出现不希望看到的结果。

不道歉往往会适得其反

颇具讽刺意味的是，不道歉的行为往往会引发负面的效应。例如，不愿意承认错误的医生，比起那些能主动道歉的医生来，他们更容易因为医疗过失而被起诉。无论是在工作上还是私人生活方面，当事人（或者关系者）都会认为自己不仅遭受了不公正的对待，而且对方（犯错的一方）还装作不知情的样子，企图将自己的错误糊弄过去，这会使状况更加恶化。不道歉的行为会激起受害者的愤怒情绪。同时，这种遭受不公正对待的感觉也会逐渐升级，最终驱使他们提起诉讼，以便让犯错的人能承担应负的责任。

道歉的好处

很多人会害怕因道歉带来的风险，其实道歉本身还是有好处的。首先，道歉有助于平息对方的谩骂、怒火、报复心等，而犯了错的人自己也能得到一些宽慰（心态朝着好的方向发展）。

如果把精力都用来刻意隐瞒或否定自己的错误，那么根据以往的经验，我们将会更加难以克服自身的弱点——而这正是导致错误发生的原因。

抑或就像我所做的那样，不愿意用实际行动弥补自己所犯的错误。这样一来，我们会陷入被自己的错误所困扰的状态而无法自拔。与之相对的，那些能够勇敢地承担责任的人，反而会收获成长，修复人际关系，并让自己的心态朝着好的方向发展。

发自内心的道歉，从长远的结果来看，无论是工作还是私人生活方面，都能为我们带来更加深厚的信赖关系。真诚且体谅他人的道歉，会让对方感到“我获得了理解”“我获得了较高的认可”。当对方接受了你的道歉，也就意味着他愿意与你构建人际关系。很快，双方将不再是对立的关系，而且当未来遇到某些困难时，双方也都将有自信一起去面对。

以道谢的方式来进行道歉

通过那个学生的邮件，我开始思考自己不善于道歉的缺点。实际上，我们可以用道谢的方式来进行道歉。

2012 年，我和我妹妹一起参与了“奥普拉电视频道”［这是由美国著名的电视人奥普拉 · 温弗瑞（Oprah Winfrey）开办的频道］的一档名为《道谢游戏》（*Thank You Game*）的节目。在其中的一个环节，我需要重新审视人们表达感谢的方式，这让我开始思考能够完全表达出谢意的简单方法。我们该怎么做才能将发自内心的感谢之情传达给对方呢？有没有一种表达感谢的方法，能够让我们内心的个人成就感增加呢？当我们想要强化与对方的关系时，能否以科学的方式找到一种最有效的道谢方法呢？

通过研究，我总结归纳出了表达感谢的四个步骤。

道谢的四个步骤

①当你想要表示感谢时，记得先对对方的行为给出评价。具体来说，应该包括：他做了什么、说了什么，并且给你带来了什么？当时，对方有没有因此而付出什么代价？

②请说清楚，为什么对方所做的事情对你来说是很重要的？对方的行为为什么能够帮到你？这对你来说，会产生什么样的影响？

③你从对方的行为中，能够认识到他的性格和优点是什么？对方的哪些方面是值得你认可的？除了他为你所做的事情外，对于这个人，你也应有所评价。宽容、理性、幽默感、努力、亲切等，对方的哪些素质值得你肯定？

④表达你希望与对方构建起一种什么样的关系（与对方达成约定）。

例如，按照这几个步骤，我们可以像下面这样来表示感谢。

①上周，幸亏得到了你的帮助，我才顺利完成了项目，而且还麻烦你弄到很晚，真的是非常感谢。实在是辛苦你了，我知道原本很多工作都应该是由我自己来完成的。

②我觉得仅靠我一个人是无法完成的。多亏了你的协助，才让工作没有堆积成山，而且还按预定的计划向前推进了。

③能够有像你这样优秀的、值得依赖的同事，真的是很难得。你真是我们这个团队里的宝贵财富。

④我很想有机会能够向你表示感谢。今后，如果需要帮助，无论何时，都请不要客气，向我提出来。

像这样，向对方表达谢意的话，无论是感谢的一方，还是被感谢的一方，心情都会变得更好，相互之间的关系也将得到进一步的强化。我的那个学生给我寄来的邮件中，就充满了这样的感谢之词，而当我在思考该如何向她表示歉意时，我觉得应该借鉴这些在表达感谢时用到的要素。道歉的内容，应该聚焦在“我自己做了什么，而这些行为会给对方造成什么样的影响”上。

有效道歉的要点

不管是以电子邮件的形式，还是通过打电话、写信、公开发表或私下交流的方式，有效的道歉都应该具备以下要素。

①承认自己做了应该道歉的事情。

不要试图使用委婉的表达方式，或者绕圈子的说话方式，请直截了当地说自己做了这样的事情（或者，我没有做这样的事情）。

②要弄清楚因为你的错误所产生的后果，以及让对方蒙受的损失。包括你的所作所为给对方带来了什么样的影响？具体有多么严重的损失？

③表达你已经从这一行为或失败中吸取了教训。

无论是个人判断上的失误，还是应该被改正的坏习惯，以及应该道歉的行为，所有这一切你都已经注意到了。

④表达你希望与对方构建起一种什么样的关系（与对方的约定）。比如，提出赔偿事宜，并询问对方希望你做些什么，并说明为了避免将来再犯同样的错误，你打算做出何种努力。

有效的道歉到底是指什么呢？

这里就以我自己为例。当我忽视了学生寄来的充满感谢之情的邮件后，我是如何向其道歉的。

①在读了她写来的邮件后，我非常感动，但是我也要为没有

及时给她回信而表示道歉。

②思考对方在没有及时收到回信时，会是什么样的心情。要毫不隐瞒地向对方表示“我考虑过这一点”。

③承认自己没有写回信的失礼行为。同时，也向对方解释自己是因为受其他事情的影响而没来得及回信。

④（为了与那个学生最初的邮件相呼应）主动提及与她之间的美好回忆，并表达了自己非常期待今后仍能与对方保持联系。

很简单、坦诚的一次道歉。虽然这也让我感觉自己变得有一些弱势，但从某种意义上来说，这是我学会道歉的第一步。通过强化与她之间的关系，我对道歉行为的罪恶感减轻了。虽然自己犯了错，但是我想对方一定会原谅我的吧（实际上，后来确实得到了对方的原谅）。

通过这件事，我有机会尝试用一种全新的方式来应对自己的罪恶感和羞耻心。在这次尝试之后，我学会了对其他的事情，或者更重要的事情，都要尽可能及时地去道歉。例如，遗忘了工作的截止时间、在工作中忘了对同事表达认可、没有像家人关心我那样去关心他们、对丈夫表现出不耐烦的态度等。面对这些状况，当我想要辩解或者有所隐瞒时，道歉成了检验自己诚实、勇敢与否的一块重要的试金石。

重要的是，这里所提到的四个要点并非为了道歉和迅速让自己释怀的方法。

这是当你想要真的做出补偿、想要挽回自己的信用时，应该如何思考、如何感悟的一种练习。

我们经常会遇到这样的情况，即使道歉了，由于不符合上述四个要点，道歉的效果也会大打折扣。我们常常没有清楚地认识到底发生了什么事情，以及这给对方造成了多大影响，只是一味地在那里发誓“保证今后不再犯错”。还有，我们不去弄清楚自己的行为造成了什么样的损失，而是不断地辩解为什么会犯那样的错。而且，对于对方希望我们做什么、对方需要哪些必要的补偿，不给对方表达的机会，只是自己单方面地想要解决这一事情。

通过思考有效道歉的四个要点，我们能够避免陷入这种常见的误区。同时，能够将失败转变为“构建信赖关系的机会”，重新挽回我们的信用，强化彼此之间的关系。

Lesson 19　要点

道歉法则

法则 1　道歉并不仅仅意味着风险，其也是有好处的

→不道歉的行为会激起受害者的愤怒情绪，还容易使其产生报复的心理，而道歉则有助于平息这些情绪。

>>> 具体的行动

▲通过道歉和承担责任，自己获得成长。

▲刻意隐瞒或否定自己的错误，我们将会更加难以克服自身的弱点。

法则 2

有效的道歉能够将失败转变为构建信赖关系的机会，通过道歉的行为，能够构建起更为深厚的信赖关系

法则 3

在道歉时，可以借鉴表达感谢时所用到的要素

有效道歉的四个要点

要点 1

承认自己做了应该道歉的事情。

不要试图使用委婉的表达方式，或者绕圈子的说话方式，请直截了当地说自己做了这样的事情（或者，我没有做这样的事情）。

要点 2

要弄清楚因为你的错误所产生的后果，以及让对方蒙受的损失。包括你的所作所为给对方带来了什么样的影响？具体有多么严重的损失？

要点 3

表达你已经从这一行为或失败中吸取了教训。

无论是个人判断上的失误，还是应该被改正的坏习惯，以及应该道歉的行为，所有这一切你都已经注意到了。

要点 4

表达你希望与对方构建起一种什么样的关系（与对方的约定）。比如，提出赔偿事宜，并询问对方希望你做些什么，并说明为了避免将来再犯同样的错误，你打算做出何种努力。

表达感谢的方法的四个要点

要点 1

对对方的行为给出评价。

尽可能具体地思考对方做了哪些行为：他做了什么、说了什么，并且给你带来了什么？当时，对方有没有因此而付出什么代价？

要点 2

请说清楚，为什么对方所做的事情对你来说是很重要的？对方的行为为什么能够帮到你？这对你来说，会产生什么样的影响？

要点 3

从对方的行为中，能够认识到他的性格和优点是什么？对方的哪些方面是值得你认可的？除了他为你所做的事情外，对于这个人，你也应有所评价。宽容、理性、幽默感、努力、亲切等，对方的哪些素质值得你肯定？

要点 4

表达你希望与对方构建起一种什么样的关系（与对方达成约定）。

千万不要做

▲在没有认识到给对方造成了多大影响的前提下，就进行道歉。

▲不去弄清楚自己的行为造成了什么样的损失，而是不断地辩解为什么会犯那样的错。

▲关于需要哪些必要的补偿，不给对方表达的机会，只是自己单方面地想要解决这一事情。

Lesson 20
非正式沟通：闲聊有助于构建社会资源关系

对意志力的研究带来了一连串令人吃惊的结果，其中之一就是，看似浪费时间干扰正常工作的行为，实际上并非毫无意义。令人意想不到的是，这样反而有助于我们的工作。

闲聊对于工作效率的提升、职场人际关系的强化等方面，都起着决定性作用

让我们以办公室休息时间里的闲聊为例。无论是关于周末的安排，还是关于上司的议论，这些好像都是对工作时间的一种浪费，令人感到内疚。不去认真、努力地工作，反而站在饮水机旁谈天说地，说不定也会让人觉得有损相互间的信赖。

然而，研究结果显示，这种非正式的沟通（如休息室里的闲聊等，在组织或集团内部进行的非正式交谈、沟通行为），对于提高工作效率、增强职场上的人际关系起到了决定性作用。与同事一起喝咖啡这种社交上的短暂休憩，能够改善职场氛围、提高自己的注意力，同时让人对工作投入更多的精力。更加令人吃惊的

是，这种不拘泥于形式的社交交流，还能让人在工作上获得更高的认可度。

调查结果显示：闲聊的人，其工作能力和好感度更高

例如，加拿大温莎大学的心理学者于 2015 年进行的一项研究显示，那些花时间在办公室的饮水机旁与同事进行交流的人，与不这样做的人相比，其工作能力和给人的好感度都会更高。这些人被推选接手新项目和新工作的可能性也更大，必要时也更容易获得来自同事们的帮助。

那么，饮水机旁看似平常的闲聊，为什么能够强化当事人在办公室的存在感呢？

心理学者对此提出了很多种假设，其中从社会关系资源的角度所提出的观点最具说服力。

所谓“社会关系资源”，就是指通过与他人积极地交流，从而获得某种信任与尊重。社会关系资源既可以通过帮助他人，或者在工作中给对方留下好印象而获得，又可以通过与人交流构建起信赖关系与友情，或者向他人释放出善意来获得。

像“在办公室的饮水机旁交谈”这种与工作没有直接关系的交流行为，对构建社会关系资源特别有效。当人们从工作的重重压力中解放出来时，也将让我们有机会了解到同事的另一面。这种在工作间隙的闲聊，会被当作愉快的休息时间而备受重视，因

为这对于提高工作的热情起到了很大作用。“多亏了你，才让这一天变得有趣”，当你向别人表示感谢时，你同样也帮助了他，因为你让他的工作变得更顺利。

这样一来，对于花时间在办公室与人闲聊这件事，你是否不再感到内疚了呢？那么，我们该怎么做，才能让饮水机旁的闲聊以及社交上短暂休憩的效果发挥到最大化呢？为了能利用职场上短暂的休息时间来强化自己与他人的社交关系，接下来就介绍五个有理论支持的战略。

进一步提升闲聊效果的五个技巧

①不要给同事留言或者发邮件，而是在办公室里直接面对面地交流，并确认对方是否有时间

一天之内见好几次面，难免会有打扰别人的工作之嫌，但是这种面对面的交流，能让我们有更多的机会进行与工作无关的闲聊。通过对方的肢体语言，我们可以来判断当下是否打扰到他的工作了。如果对方很忙，或者没心情闲聊，我们可以简单地打个照面，然后马上告辞。

对于特别想要与其构建起人际关系的人，我们要确保面对面进行直接对话的机会。例如，和对方一起合作某个项目，或者当我们想要与对方进行更深入的交谈时，可以选择共进午餐，或者邀请他一起喝茶、散步等方式，来让彼此间更加亲近（在斯坦福

大学，特别流行一边散步一边开会的方式。这都拜好的天气与优美的校园环境所赐）。

当我们感觉自己陷入职场派系争斗时，不如试着去结识一些新面孔。首先，以“你好”来寒暄，然后再从职场、服装、个人特长等方面展开话题。

②记得把智能手机等设备都关机

正如其字面意思所表达的，“只有通过面对面的交流，我们才能构建起社会关系资源”。这样一种形式，能让我们真实地去面对某人，并在不知不觉中去模仿对方的表情、动作和姿态。像这样，通过肢体语言，我们很自然地和对方保持同步，这将有利于构建更为亲密的友情。而像智能手机这样的电子设备则会使我们的注意力分散，从而对如此重要的社交过程造成干扰。

据某项调查显示，手里拿着智能手机，或者仅仅是将其摆在桌子上，都会使我们在精神上、视觉上分散注意力，并且影响到我们通过对话产生的共鸣与信赖感。因此，当我们在饮水机旁闲聊时，一定要记得将智能手机等设备留在办公桌上。而且，在闲聊的过程中，也要更加仔细地观察对方的反应。

③对之前的交流进行“追踪”

与同事构建起信赖关系，最简单的一个方法，就是向对方表现出“我的确在认真地听你说话”。如果对方曾提到自己打算去参加某项活动，那么之后再见面时，你就可以问问对方那次活动怎么样了。

如果对方曾提到某个新项目，你也可以关心地问一问：“现在进展如何了？”如果对方从早上开始就一直备感压力，那么你下午的时候可以亲自过去，或者以留言的方式，询问对方“现在状态怎么样了”。这些听起来是不是都很简单呢？与那种客套话相比，这种“追踪”使得短暂的休憩（对话）在信赖关系的构建方面表现出了很大不同。

④避免传播“负面的闲话”

同事之间抱怨某个难相处的上司时，或者就某个有问题的项目说三道四时，他们彼此之间就会表现出互相信赖的情感。

如果内容不过分，那么负面的闲话对于职场人际关系的强化能起到一定的积极作用。但是，如果一味地发表这些负面的闲话，就会导致意想不到的负面影响。在日常工作中，不加辨别地传播这些闲话的人，会让人觉得不值得信赖，甚至说不定还会被当作“职场上的淘气包”，让所有人都避之不及。因此，请尽量避免传播这种负面的闲话。

当我们发现自己身处这种负面闲话的包围时，可以加入自我批评的内容，这样就能避免话题的升级。同时，也要让对方能够信任我们，并感谢对方对我们说了这么多坦诚的话。如果条件允许，我们也可以利用这个机会去帮助对方。例如，当对方对某个不好好工作的人有所抱怨时，我们可以说“不得不面对这样的情况，实在是很难办啊”（表示同情），以此来引发共鸣。然后，再问对方：“有什么是我可以做的吗？”

⑤要做传播正能量的人

闲聊也未必都是负面的内容。有研究显示，通过闲聊褒奖他人，也可以提高自己在职场上的认可度。那么，我们该怎么做，才能变成一个传播正能量的人呢？

我们可以在对方不在场的情况下，去赞赏、褒奖对方，去承认他人做出的贡献。通过语言的形式，表现出自己对团队的信任、对新员工的关心，以及对项目抱有的热情，大力传播那些帮助受困者的团队成员的事迹。根据调查显示，虽然这些话并没有直接传到当事人（个人或团队）的耳朵里，但是听到这些话的人，会认为你是对职场起到重要作用、有贡献的人。

所以，传播正能量的人，也会被认为是应该得到帮助和支持的人。

因此，当你养成这种习惯（传播正能量）以后，在必要的时候，获得他人的帮助或者保护的可能性会更高。

Lesson 20　要点

闲聊的法则

法则 1　闲聊对于工作效率的提升、职场人际关系的强化等方面，起着决定性作用

→据研究显示，与同事一起喝咖啡这种社交上的短暂休憩，能够改善职场氛围、提高自己的注意力，同时让人对工作投入更多的精力。更加令人吃惊的是，这种不拘泥于形式的社交交流，还能让人在工作上获得更高的认可度。

法则 2　闲聊的人，其工作能力和好感度更高

→加拿大温莎大学的心理学者于 2015 年进行的一项研究显示，那些花时间在办公室的饮水机旁与同事进行交流的人，与不这样做的人相比，其工作能力和给人的好感度都会更高。这些人被推选接手新项目和新工作的可能性也更大，必要时也更容易获得来自同事们的帮助。

像闲聊这种与工作没有直接关系的交流行为，对构建社会关系资源特别有效。

何谓“社会关系资源”

→通过与他人积极地交流，从而获得某种信任与尊重。

提升闲聊效果的法则

法则 1 尽可能面对面地进行对话

▲不要给同事留言或者发邮件，而是在办公室里直接面对面地交流，并确认对方是否有时间。

▲对于特别想要与其构建起人际关系的人，我们要确保面对面进行直接对话的机会。

▲当我们感觉自己陷入职场派系争斗时，不如试着去结识一些新面孔。首先，以“你好”来寒暄，然后再从职场、服装、个人特长等方面展开话题。

法则 2 记得把智能手机等都关机

→只有通过面对面的交流，我们才能构建起社会关系资源。

法则 3 对之前的交流进行“追踪”

→与同事构建起信赖关系，最简单的一个方法就是向对方表现出“我的确在认真地听你说话”。

法则 4 避免传播“负面的闲话”

→如果内容不过分，那么负面的闲话对于职场人际关系的强化能起到一定的积极作用。但是，在日常工作中，不加辨别地传播这些闲话的人，会让人觉得不值得信赖，甚至说不定还会被当作“职场上的淘气包”，让所有人都避之不及。

法则 5　要做传播正能量的人

→有研究显示，通过闲聊褒奖他人，也可以提高自己在职场上的认可度。在对方不在场的情况下，去赞赏、褒奖对方。而听到这些话的人，会认为你是对职场起到重要作用、有贡献的人，并且也是应该得到帮助和支持的人。

千万不要做

▲只说负面的闲话。

▲在对话时玩手机。

▲仅通过邮件进行交流。

Lesson 21

说坏话也有好处？找到你的真实动机

美国的小孩从小就一直被反复教育要么闭嘴，要么只说好话，因为说别人的坏话这种事，不仅会被认为是没有教养，而且也等于在告诉周围的人自己是个卑鄙小人。

不过，这种想要说他人坏话的冲动——特别是在别人背后说坏话的冲动，可不是简简单单就能被封禁的。而说他人坏话的人，其实未必就是卑鄙之人。有时，批评、指责也是一种善意的行为。了解了这一点，才能更好地理解自己想说他人坏话的冲动。而且，当周围的人在说闲言碎语的时候，我们也会知道该如何去应对。所以，应对这种冲动的最佳方法，不是让自己一直紧闭嘴巴，而是要去理解这种冲动。

说他人坏话的动机，是为了自我宣传

为什么我们总是拒绝不了说他人坏话的诱惑呢？最为普遍的一种动机，就是为了自我宣传。据某项调查显示，人们说坏话的对象主要是同事、竞争对手，以及比自己更强的人，这些都是所

谓的“身边人”。实际上，被认为是竞争对手的人更容易成为我们说坏话的对象。为了增强我们的自尊心，同时也为了在与竞争对手做比较时，能让自己看起来更好，在背地里说竞争对手的坏话，可谓最便捷的方法。

很多人为了掩盖自己内心的不安以及缺乏自信的感觉，而选择去说负面的闲话。当自己大声说着别人的事情时，原本头脑中自我否定的想法就被压制了，所以这种方式才会让人着迷。而且，所有听到这些闲话的人，都会很自然地认为你是与竞争对手不一样的人。他们会觉得比起竞争对手来，你更像是在对某件事发表自己的看法，就好像很坦诚、很理性地提出“要是……就更好了”的建议。

背后说坏话，源自“为帮助他人而想要共享信息”的愿望？！

但是，负面的闲话并非全部源自这种对优越感的渴望。有时，这也可以是一种宽大而富有勇气的行为。

美国加利福尼亚大学伯克利分校的心理学家们进行了一项针对人们为什么会说他人坏话的研究。通过研究，他们发现这种冲动是源自社会行为（这里指与反社会行为相反的一种行为，如对他人展现出积极的态度，去帮助他人等），即为帮助他人而想要共享信息的愿望。

实际上，当某人表现出态度很恶劣时，团队中最具有利他型

（比起自己来，更关心他人的利益）性格的人，往往也是最愿意出来发声的人。哪怕说他人坏话这样的行为会有损自己的社交形象，或者说完之后有可能遭到打击报复，他们也仍然会去说。而且，在说完之后，他们的心情会变好，完全就像是做了一件好事一样。这种对社会有益的坏话，能让人心情变好，能将令人苦恼的状况转变成积极的好事。

当看到同事消极怠工，或者满口谎言时，这种感觉就好像目击了对团队项目造成损害的行为一样。对于这些行为，内心很自然地会产生受挫、愤怒以及疏远感。而当你产生这种情绪时，将有可能会影响到你对团队的归属感以及与同事之间的关系。

研究显示，能有效地缓解这种苦恼状况的一种方法，就是将你的所见所闻告诉那些关心你的人（有利害关系的人）。这恐怕就是指，将违规的行为报告上司，或者说给其他同事听。通过这种方式，你能够重新找回对团队的归属感，也向那些信任自己的人表明，自己是值得信赖的，此外还能防止将来可能出现更糟糕的事情。通过这种行为获得的情感上的回报，与用自己的失败（丧失、损失）经验去帮助别人或用自己工作上受挫的经验去给后辈提供建议时的心理动机是一样的。将负面的经验当作帮助别人的机会，这样一来，整件事的意义都发生了转变。

出于社会行为的目的，而有节制地去说他人的坏话，反而可以强化人际关系。荷兰格罗宁根大学的社会学家为了调查同事之间的友情是如何培养起来的，曾用了一年的时间去观察某企业内的员工。他们发现，通过与其他员工一起说闲话的方式，可以大大提高员工们相互成为朋友的可能性。

在朋友之间，闲话可被视作想要深化彼此友情的一种信号。说闲话的过程，其实就是告诉对方“我是信任你们的”“我一直在关注对你们有益的事情”。

这种“闲话的规律”也有例外的情况。在整个调查结束之后，得出的结论是那些毫无区别、逢人就说闲话的员工，在职场上几乎交不到一个真正的朋友。这种人以分享他人的负面信息为乐，从而使作为信任和善意信号的闲话失去了其原本的价值。总是说别人闲话的人，往往会被认为是只为了满足自尊心，对他人的失败幸灾乐祸。

人是能看透闲话背后的动机的

研究显示，人们多半是能看透闲话背后的动机的。如果这种动机真的是基于社会行为，听闲话的人会对共享这些信息的人表示认可。反之，如果只是为了在团队内部提高自己的地位，而发表一些瞧不起同事的言论，听闲话的人也能很快分辨出来。这样一来，他们将不再认为你是一个好的伙伴。不仅如此，还会觉得你是不能被信任的对象，一些机密的信息也是不能告诉你的。如果长期在背后说别人的坏话，也许进行一些重要的会议或讨论时，你就会被排除在外了。

我有一位同事就曾经有过这样的经历。她最初说一些闲话，只是为了阿谀奉承，后来我发现，她一直在背后说别人的坏话。这不禁让我怀疑，如果哪天我也不在场，不知道她会怎么说我。

因此，不管是什么样的闲话，在脱口而出之前，一定要先弄清楚自己的动机是什么，这一点特别重要。我自己在面对有违道德的事情时会感到愤怒，或者身处混乱状态之中时，也会想要去抱怨。我会向朋友或同事倾诉："明明大家都是一个团队的成员，都是值得彼此信赖的人，为何偏偏会做出这样的行为？""这说明了什么？""要如何应对，才能修复其造成的伤害？"像这样的对话，差一点儿就变成了闲话、坏话，自己也很可能会被负面的情绪冲昏了头脑。每当出现这种情况时，及时注意到这一点，对我来说就显得尤为重要了。要将整个对话修正到正确的轨道上来，让话题重新回到大家所共通的价值以及想要为团队做贡献的想法上来。通过这个方法，我与业内多名同样处于风口浪尖的同事结成了更为亲近的关系。

为了不被散布负面闲话的冲动所影响，我建议大家都能找到类似这样的方法，来认清自己当前的状态。如果发现这么做是为了满足自己的情感需求，或者是为了展示自己的能力，那么最好想一想，身边是否有伙伴能让人放心地将这些话说给他们听。如果你是基于构建人际关系的想法而频繁地去说闲话，首先请思考一下是否还有别的方式，即代替说闲话的行为，试着就那个人自身的情况、想法、兴趣或者经验等进行交流。当同事想以说闲话的方式与你构建人际关系时，你也可以试试同样的方法，让整个对话变得更加积极、正面。

如果是为了帮助他人而想要共享信息，那么说他人的坏话就算不得是不好的行为，所以请不要继续保持沉默。本章一开头提到的“要么闭嘴，要么只说好话”这句话，其实也并非最佳建议。取而代之的是，“如果你有一些不好的话想说，那么请先确定是基于正当的理由吗？如果是，请拿出勇气，带着体谅的心情去说吧”，这样才是正确的做法。

Lesson 21 要点

区别说坏话的法则

法则 1 （在背后）批评他人的这种冲动，也可以是一种善意的行为，要去理解想说坏话的动机

→在别人背后说坏话的冲动，可不是简简单单就能被封禁的。而说他人坏话的人，其实未必就是卑鄙之人。有时，批评、指责也是一种善意的行为。了解了这一点，才能更好地理解自己想说他人坏话的冲动。而且，当周围的人在说闲言碎语的时候，我们也会知道该如何去应对。所以，应对这种冲动的最佳方法，不是让自己一直紧闭嘴巴，而是要去理解这种冲动。

>>> 具体的行动

▲“说他人坏话”的动机，是为了自我宣传。

人们说坏话的对象都是所谓的“身边人”。被认为是竞争对手的人更容易成为我们说坏话的对象。为了增强我们的自尊心，同时也为了在与竞争对手做比较时，能让自己看起来更好，在背地里说竞争对手的坏话，可谓最便捷的方法。

▲为了掩盖自己内心的不安以及缺乏自信的感觉，而选择去说负面的闲话。

▲有时会出于想要帮助他人的积极的动机，而去说一些闲话。

>>> **具体的行动**

▲如果是为了展示自己的能力，那么最好说给身边能让人放心的伙伴听。

▲思考一下，是否可以通过其他方式来展现自己的价值。

▲用“经验谈”来取代说闲话。

法则 2 “为了对方而说的闲话”，需要拿出勇气，带着体谅的心情去说

→有时是基于为了帮助他人而想要共享信息这样的社会行为而选择去说闲话。这种对社会有益的闲话，能将令人苦恼的状况转变成积极的好事。而且，在说完之后，他们的心情会变好，能让人重新找回对团队的归属感。闲话可被视作想要深化彼此友情的一种信号。

法则 3　当自己被想要说闲话的冲动所影响时，要客观地分析自己的状况

>>> **具体的行动**

▲如果发现这么做是为了满足自己的情感需求，或者是为了展示自己的能力，那么最好把这些话都说给你身边能让人放心的伙伴听。

或者，思考一下是否还有别的更好的方式，来向他人展现自己的价值。

▲与其说闲话，不如就那个人自身的情况、想法、兴趣或者经验等进行交流。

千万不要做

▲虽然想为了帮助他人而共享信息，但是考虑到说他人的坏话是不好的，于是便选择闭嘴。

05

强化你的自我认同

言行一致不仅是我们的目标、
意图以及心理韧性的源泉，
也是强化组织内人际关系的方法。

Lesson 22

服装认知力：激发自我角色认同

说起“时尚”这一话题，我可以说是一个与生俱来的“叛逆者”。

当我还是小学三年级的学生时，我的母亲就第一次被叫去了学校，原因是我的着装不符合学校的规定。那还是20世纪80年代初的事情，为了模仿当时我所崇拜的偶像歌手麦当娜(Madonna)，我穿了一件闪闪发光的荧光色衣服。后来听了校长的意见，我不得不放弃在校园里穿着荧光色的袜子、戴着手镯。即便如此，好像我的着装风格也一直给我带来麻烦。六年级的时候，我穿了一双斑马条纹的护腿，结果被老师批评“在教室里显得太碍眼了”。上高中时，我也因为着装的问题而被叫到副校长的办公室。原因是教西班牙语的老师认为，我的香奈儿[①]风格的靴子和高跟鞋“过于艳丽”。

到了青少年时期，我又喜欢上了穿套装。我一到暑假就去学

① 加布里埃·可可·香奈儿，法国著名的服装设计师，创立了同名的奢侈品品牌。——译者注

习服装设计，尝试自己制作服装，还跑到本地商场的服装店里打工。大学时代，即使上午八点就开始上课，我也会不紧不慢地穿着松糕鞋和复古连衣裙去教室。

我曾经和心理学教授一起吃饭，席间谈到报考研究生的话题，结果他说："你要是不走心理学这条路，肯定就进时尚圈了吧。"

话虽这么说，但最开始在斯坦福大学教授心理学课程的那几年，周围的人肯定不会觉得我是一个喜欢时尚的人吧。

十几年前，我从波士顿搬到了北加利福尼亚。我注意到，带来的衣服与当地的流行氛围显得格格不入。加利福尼亚的女人们并不喜欢那种采用大胆的配色、印满趣味图案、设计师品牌的衣服，而是更青睐自然颜色与材质的衣服。比起颇具时尚性的服饰来，她们似乎更喜欢适合漫步、郊游的装扮。

在满足休闲的基础上，她们才会去关注所谓"时尚"的方面。她们几乎都不化妆或佩戴首饰，发型也是十分保守的。虽然我一直喜欢尝试与众不同的发型和发色，但是在北加利福尼亚这里，这样会特别难以融入当地的氛围！（此前很长一段时间里，我曾尝试过金发、红发、棕发等各种发色，其中我最喜欢的要属粉色。）

为了适应这里，我只好"收敛"起自己的时尚风格。这让我觉得没法做真正的自我，因为不能去享受各种风格的乐趣，实在是太令人遗憾了。为了不让自己显得太过于有个性，我只好将北加利福尼亚流行的"制服"融入我自己的穿衣风格中去。

老师的服装很正式，学生也会更热情地投入学习

在斯坦福大学教书两三年以后，我有机会接触到了这样一个研究，主题叫作“老师的穿着对学生构成的影响”。

令人吃惊的是，这项研究显示，老师的服装很正式的话，学生会更加热情地投入学习中去。这让我大吃一惊！其他的研究结果也证实了，老师穿着非常正式、好看的话，学生会认为其有能力且很热心，从而对学习效果产生正面的影响。

这项研究让我眼前一亮，因为当时斯坦福大学的老师们都觉得穿着休闲服装上讲台是一件很正常的事情，几乎没有人会选择穿套装，大家都是牛仔裤配运动鞋的风格。

虽然我自己很享受穿着套装的乐趣，但是在授课时，还是让自己顺应了加利福尼亚流行的休闲风格。

我的教学导师（就授课方面提出建议与指导的人）是一位非常受人尊敬的老教师，而且他的心理学课程在学生中间也非常受欢迎。我注意到他算是整个系里的一个例外。他在上课时，总是会穿西装外套。也许他的着装是其课程受欢迎的原因之一？

在接触到这项研究之后，我决定转换风格。如果我的穿着能为学生的学习带来正面影响，那我还是穿上套装和皮鞋吧。哪怕与同事比起来，打扮得有些过于花哨，我也毫不在乎。甚至，我还允许自己化一点儿妆。有研究显示，与完全不化妆的人相比，化了淡妆的人会显得更加知性，且对工作富有热情。而且，我自

己也觉得，一点点的淡妆能让我授课时的表情看起来更加丰富。

抱着“为了学生”的想法，我开始尝试穿套装，结果没想到，这也成了给自己的一份礼物。当我穿上漂亮的衣服时，发现自己比以前更加自信了。我感觉自己正在做的事情，有着重要的意义。

每一次授课，也成了很特别的活动。

穿上色彩绚丽的名牌外套，我才感觉找到了真正的自我。这时，我才注意到，为了低调，我穿着休闲风格的衣服，但是这也让我内心很重要的一部分被压抑了。那就是“为了营造意外的感觉，而喜欢用经典灰色外套搭配豹纹的自己”“如果能选择，比起卡其色的裤装来，更愿意穿红色连衣裙的自己”“比起素颜来，更愿意用画了眼线的烟熏妆来搭配裸色口红的自己”。

一件衣服，也能改变工作的成果

服装不仅能改变我们自身的心情，也能改变工作的成果。美国西北大学的心理学家们将这种效应称为“服装认知力”(enclothed cognition)。他们发现，服装有助于最大限度地激发出自我角色认同的能力。

例如，对于一些需要注意力非常集中的行业，人们穿着白色的衣服（这是医生、科学家的象征），工作起来会更有效率。我想要成为这个样子——当这种想法与服装或饰品相结合时，当事人就真的能展现出这一特征，从而有助于提高工作质量。

以我自己来说，通过穿着正式的套装和有趣的服装，我能更好地展现身为心理学教师的自己。因为我希望在就教育的话题进行严肃思考的同时，也能让学习的过程（方法）变得更有趣一些。

在备课时，我就有意识地营造一些挑战风险的机会。例如，请学生上讲台来，让他们来验证研究的结果。有时，为了阐明心理学法则，我会在课堂上播放热门电视节目的视频，这会让学生们又惊又喜。

我会根据不同的课程选择不同的服装，在公开场合演讲时，也遵从同一法则。至少要让自己冒一次险，享受做自己的乐趣。基于这样的思路，我还会准备好几条项链和好几副手镯。甚至还会选择既具有经典风格又融入了意外色彩搭配的服饰，如亮粉色的条纹外套等。

我第一次访问东京时，去了原宿和表参道购物，买回了很多设计得稀奇古怪的衣服。回到斯坦福大学以后，在最开始授课时，我就穿了这些衣服。当时在学生中间，我的穿衣打扮成了热议的话题！

那件外套乍一看像是乖乖女（考进知名学府的乖女孩的穿衣风格）穿的深蓝色衣服，上面却印有令人咋舌的英文单词。

“外貌心理学”的研究成果

从外貌心理学的研究观点来看，我最近采取的穿衣风格战略，可以说在两个重要方面取得了平衡。

其一，学生会认为穿着正式服装的教授是有能力的。也就是说，研究证实，人们往往都会以貌取人。其二，如果你想要给他人留下好印象，穿着“与行业相关联”，同时能体现出“专业性”的“制服”套装，将是一个不错的选择。这里的“制服”指的是什么呢？是富有创意的服饰，还是保守的服饰？这都需要因不同的行业而异。

但是，选择与自己风格不相符的服装将会起反作用。例如，某项研究显示，穿着明显不符合自己身份定位的服装，其产生的影响将会非常明显。这样的行为不仅无法提升自信，反过来还会不断地催生出“与自己不相称”的想法，因为你的穿着给人一种“假冒”的感觉，在职场上同样也会被人当作骗子。为了给他人留下好印象，不想过分耀眼，基于这些想法去选择服饰，将会是错误的。这也是在斯坦福大学开始教学之初，我自己犯过的一个错误。我刻意隐藏自己的穿衣风格，结果却让自己感觉不是这里的一员。

为了成功，我们在考虑穿衣搭配时，不仅要考虑他人，还要穿能让自己满意的衣服。反过来说，如果我们穿在身上的衣服能够给我们带来自信，并且很契合自身的感觉，就一定能给他人留下好印象。

我们常说“以貌取人”，但这不仅限于你的穿着打扮、发型、举止教养，我们评判的基准还会包括：身体语言、情感表达、眼神交流等非语言的表达。正是这些非语言的表达，能够体现出我们的自信、对生活和工作的热情。所以，如果你想给别人一个良好的印象，那么选择什么样的风格来表现这些重要的因素（非语言的表达）将是十分重要的。要实现这一点，关键是要有充分的自信。

因此，当我们出席重要的场合，或者思考每天上班的穿着时，自信与自我应是最优先考虑的因素。请尝试着问问自己：当我穿上这件衣服时，心情有没有变好？无论是本身的设计，还是在社交场合中的作用，仅靠这件衣服，我能否引人注目？为了表达我的情感与热情，需要用到一些必要的动作吗？很早以前我就知道，当我站在讲台上时，不能穿过于紧身的服装：那样的衣服在做动作时会发出声音，会引人发笑，而且也让我无法深呼吸。

你的穿衣风格与你的个性很契合吗？虽然粉色的头发与我的职业不太匹配，但是亮色、有趣的印花图案以及身上的一些配饰，能表现出我的个性。你会穿戴一些特殊的首饰或服装吗？比如，那些物件能让你联想起支持你的人。

我自己就有一条特别喜欢的项链。那是我妹妹送给我的，上面还刻有“compassion”（怜悯）的字样。每次佩戴这条项链时，我就会想起与家人的联系，同时感悟到自己存在的价值。

希望本节课能成为大家开始享受时尚的一个契机。大部分时候，我们的穿着是为了不让自己太过显眼。可是，当你穿上适合自己的服装时，你才能向周围的人展现出自我的风采——我知道自己该做什么，并且有自信去实现它。

Lesson 22 要点

成功的着装风格法则

法则 1 要知道“服装能改变工作的质量”

→服装可以让我们表现出自己想要成为的样子，并且提升工作质量。美国西北大学的心理学家们发现，服装有助于最大限度地激发出自我角色认同的能力。

>>> 具体的行动

▲要知道“服装不仅能改变我们自身的心情，也能改变工作的成果”。

▲将“自己想要成为这个样子”的想法与服装结合起来。

▲穿着能够体现与行业相关联、专业性的服装。

法则 2 成功的服装选择，应该以适合自己为最优先考虑

>>> 具体的行动

▲穿上所选的衣服，想一想：我的心情变好了吗？

▲想一想挑选的衣服能否体现出自己的个性。

法则 3 在挑选服装时，试着“冒一次险”

>>> 具体的行动

▲试着将正式的服装与自己喜欢的服装结合起来。

▲试试有反差的搭配风格。

例

· 在经典风格的服装上，搭配有反差的饰品（女性的话可以是项链、手镯等）。通过这种混搭（挑战），让自己享受其中。

千万不要做

▲穿着与自身风格不相符的服装。

▲强迫自己穿上能融入当地或周围氛围的衣服。

▲在挑选衣服时，仅仅考虑的是不要过于显眼。

▲在挑选衣服时，完全不考虑自己的喜好，仅仅是为了给他人留下一个好印象。

Lesson 23

言行一致：获得领导力和信任感

曾经有一次，在位于北加利福尼亚美丽的太平洋沿岸的一所疗养研修中心，我刚刚结束了整整一天的集中专业授课。那天晚上，当我与其他讲师围坐在一起时，我发起了牢骚。这是由斯坦福大学关心与利他心理研究教育中心（CCARE）举办的关怀教育课程。整个授课将持续一年的时间，而当天是第一周周末的首个教学日。

为了策划好这次长达几个月的研修课程，我们事前投入了大量的时间和精力，目的就是让学员们都能拥有一次真正有意义的学习体验。开课第一天的情形仍留在我的记忆里：一方面，有很多瞬间让我们感觉信心满满；另一方面，我们也遇到了一些问题。

50 名学员中，有一些人对细节之处表达了自己的不满。其中一名女学员当着团队成员的面说，座位顺序的安排不够理想。而另一位男学员则在课程结束前，提出“在分组讨论中，没有得到足够的时间发表自己的意见”。

作为讲师，我们的工作之一，就是每天晚上总结当天的授课情况，并在第二天做出安排。通常，我都会花时间去好好梳理哪方面做得不错、哪方面还有所欠缺，并找出解决问题的方法。但是，由于那天实在太累了，我不禁被负面情绪所影响。我开始抱怨学员们未能控制好自己的不满情绪，以及他们引起的“混乱”将给整个团队集体感的养成带来影响。

在这种发泄式的抱怨进行了 15 分钟后，我开始注意到一个很严重的事实，而且这让我很受冲击。那就是，我们正在做的事情，和我们所评判的学员们的所作所为几乎是一样的。即使当天的教学有很多精彩之处，大部分学员也都表现得很好，但我们仍将所有的精力与注意力都放在了这些令人头疼的事情上。我们一直在思考，为什么学员会对一些细节表示不满呢？为什么他们不能将目光放在好的方面呢？

当时，我们的行为不正好就是自己所教内容的正反面吗？我们没有将关注点放在事物好的一面上，也没有更多地去思考未来的可能性，而是心胸狭窄地就一些微不足道的小事表达不满。这种负面的想法，极大地挫败了我们的士气。

我为自己口中的价值观与实际行为之间存在如此大的差异而感到羞愧，于是，我将这件事说给其他讲师听，并提议花些时间让我们的言行重新回到正确的目标上来。

从那之后，我们改变了讨论的流程，转而关注“我们应如何分配时间，才能更好地互相协作”。此外，我们还将讨论的重点放在“我们该怎样做，才能让全体学员第二天都有最好的体验”上。

我非常开心能让我们的实际行为与宣扬的价值观相契合，也多亏了这一点，我们才能更好地应对第二天的课程。

更加令我欣慰的是，我们当时对学员不满情绪的抱怨没有传到学员的耳中。如果不巧被他们听到，那么在这一年剩下的教学中，学员对讲师的敬意将会消失殆尽，我们也无法再向他们提出建议了。

言行不一带来的影响

很多研究都表明，言行一致对于有一定权威或较大影响力的人来说，是特别重要的一件事。领导口中说出的话，与其行为不相符，将会被视作一种违反心理契约（指的是虽然没有以书面化的形式写下来，但是彼此之间都相互了解的内容。属于一种约定俗成的心理）的行为。领导明显的虚伪行为，将会有损大家对他的信任，丧失其原有的权威。实际上，哪怕仅仅让人撞见一次虚伪的行为，也会导致他此前辛苦积攒起来的诚信形象崩塌。

言行不一致，不仅会损害作为领导的诚信，也会影响团队成员对组织的看法。例如，发现上司虚伪的员工，其打算从公司辞职的意愿就会变得更强烈。

斯坦福大学商学院的研究也显示，领导者言行不一致的做法，将会使整个组织都失去信用。在团队内部有较高地位的人，一旦被人发现没有诚信，人们对团队内的其他成员就会同样产生怀疑——“他们说不定也会在背地里做些小动作吧”。例如，当有员工发现上司信口开河、谎话连篇时，他可能就会怀疑这家公司里的所有人是不是都在做着骗人的业务。那么，他最终可能也会选择与这些人同流合污，做一些不道德的事，或者是不再坚守所谓的“企业价值”。

现在回想起来，当时，我与同事们一起抱怨自己的学员，并且完全缺少对他们的理解，可以想象，如果这些行为被学员们知道，将会给这个集体的信用造成多大损害。为了不让我们的信用被破坏，也为了向关注我们言行的人展现作为一个组织的原则性，我们必须尽最大的努力，让自己做到言行一致。

要知道，个人的诚信远比这些利益和风险重要得多。如果我们每个人都言行不一致，则无异于自我毁灭。只有说到做到，才能让人变得更强大。

戴假货，会让我们认为他人也不诚信

美国北卡罗来纳大学的决断力研究中心曾经进行过一项令人吃惊的研究：让测试者戴上假冒名牌的太阳镜，然后观察这会对他们的心理产生什么样的影响。也许在你看来这是一项很无聊的研究，但却是在展现给周围人的样子（即看起来很富裕，能够花高价购买奢侈的太阳镜）与实际真实的自我（即这副太阳镜只是很像正品的便宜冒牌货）之间，营造出不一致的绝妙方法。

通过研究发现，当戴上假货之后，测试者的内心会产生一种不信任感。当其注意到自己展现出来的样子与真实的自己存在差异时，内心就会变成不愉快的状态。这种“缺乏信赖、没有信用”的情绪，将会导致测试者继续做出一些不道德的决定，比如“为了自己的利益而去伪造业绩”这样的欺骗行为。

有意思的是，戴上冒牌太阳镜的人会更倾向于认为其他人也是没有诚信的，也都在做着欺骗人的行为。换句话说，这种觉得自己没有信用的感觉和意识也会形成对他人的偏见。这就是言行不一致带来的一大危害。当我们的内心接纳了没有诚信的自己后，就会认为周围的人也都是没有诚信的。我们将不再相信周围的人，也不会将关注点放在他们好的一面上。这种偏见也会影响我们和他人打交道的方式。基于这种先入为主的想法，我们在与对方交流时，就很想去找出能验证这一预言（偏见）的事实，而这也会让对方感觉自己是不被信任的。

言行一致是我们心理韧性（恢复力）的源泉

与之相反，言行一致不仅是我们的目标、意图以及心理韧性（恢复力）的源泉，也是强化组织内人际关系的方法。你是否曾经因为疲惫、注意力涣散或者一时的任性，而做出违背自己价值观的行为呢？当事态难以按我们所想的样子发展时，不要轻言放弃，而是要将其当作重新确认自己价值观的一次机会。

面对研修中遇到的各种状况，我和我的同事们采用的就是这一方法。当出现某个问题时，我们会将这样的经历当作回顾原本我们想要做什么的机会。试着去理解学员们的想法，将关注点放在好的事情上，集中精力做好团队建设。

当我们清楚地知道自己的理想是什么时，沿着这一目标去行动，就会是一件很简单的事。比如我们需要做决定时，将会知道该遵照哪个基本方针，知道真正的优先顺序该是什么样的，也知道自己想要达成的目标是什么。更重要的是，知道该如何去实现这一目标。我们还将知道以什么样的价值观，才能让事态顺利地向前推进。

研究证明，如果我们能清楚地了解自己的价值观，并且对此经过一番深思熟虑，那么道德上虚伪的行为将会减少。

这并非一劳永逸的事，关键在于每天都要进行反复思考。

每天早晨，我都会思考自己的核心价值观（最为中心的、最看重的价值观），确认好当天的工作中，最重要的价值观是什么。如果当天的日程安排特别紧凑，有许多不得不去做的工作，那么我就会把享受工作的乐趣作为自己的核心价值观。因为随着时间的流逝，我们很可能会产生失败、愤怒等感觉，所以我们最好能在事前就想清楚当天的工作为什么很重要。

在斯坦福大学，无论是在我的课堂上，还是在研讨会上，我都会将印有“好好回想自己的价值观”字样的腕带发给学生们。有的学生会一直佩戴它，以帮助他们每天反省自己的价值观，还有的学生会将其放在桌子或汽车的仪表盘上。我建议大家也都能有一个这样的小道具，这将有助于我们注意到自己言行不一致的情况，或者是与自己的理想相悖的决定。

人无完人，但是我们因为一时忘记了自己的本意而导致的结果，是可以被改变的。只要我们能再次确认什么才是真正重要的事情，就不会落入不信任感和虚伪的旋涡中。

Lesson 23 要点

言行一致法则

法则 1 回想“我们想做什么”

→当我们注意到自己言行不一致时，重要的是要能回想起自己原本想做什么。当我们弄清楚自己的价值观后，就能减少道德上的虚伪。

>>> 具体的行动

▲要清楚“真正的优先顺序是什么”。

▲要清楚“自己想要达成什么目标”。

▲要清楚“该如何去实现这一目标”。

法则 2 当事态难以按我们理想的状态发展时，不要轻易放弃理想，而是要将其当作重新确认自己价值观的一次机会

>>> 具体的行动

▲言行一致，是心理韧性（恢复力）的源泉。

▲言行一致，是强化组织内人际关系的方法。

▲言行一致对于有一定权威或较大影响力的人来说，是特别重要的一件事。领导者言行不一致的做法，将会使整个组织

都失去信用。

▲戴上假货后，会让我们对自己和他人都产生不信任感。

▲哪怕只有一次虚伪行为，也可能让辛苦积攒起来的诚信形象崩塌。

法则 3 每天都要想一想“自己的价值观”

→每天都要思考自己的核心价值观，确认好当天的工作中，最重要的价值观是什么。这样能防止自己做出违背理想的决定。

>>> 具体的行动

例

· 当我们忙碌的时候，容易忘记重要的事情。这种情况下，可以在一大早就确认好今天最重要的事情是什么、今天最有价值的工作是什么。同时，还可以准备一个写有“好好回想自己的价值观”字样的小道具。

千万不要做

▲不去确认自己的价值观，做出违背自己价值观的行为。

Lesson 24
同理心：领导者的必要素质

2013 年，我在斯坦福大学商学院开设了一门名为“同理心 / 共鸣型领导力”的课程。

在第一天上课时，我给学生们展示了两张照片，并问他们：哪一个看起来更像领导？第一张照片，是一位有着高贵脸庞的中年男性。他嘴巴紧闭，只有一边的嘴角很僵硬地露出了狰狞的笑容，眼神像是在藐视对手一样，露出居高临下的目光。

第二张照片，则是一位稍稍年轻一些的女性。虽然她目不转睛地望着前方，但是脸上浮现出平静的笑容，看起来像是非常优雅又平易近人。因为头部倾斜的缘故，比起那种“居高临下的目光”来，给人感觉更像是在倾听对方的话语。

教室里充满了学生们的笑声，因为他们不知道哪一个才是正确答案，所以纷纷都在苦笑吧。那位在学生看来最差劲的男性，被认为是更像领导，这也许会让他们感到困惑吧。

各位读者，你们会选择哪一边呢？

答案是：不管哪一边，双方都是领导。

居高临下的人与体谅他人的人体现出领导力的两面性

上面这个问题，是基于美国北卡罗来纳大学商学院曾进行过的一项研究提出的。该研究首先对若干人进行了采访，并对当时的采访过程进行了录像，然后交由专家分析受访者脸上的表情变化。接着，再由其他领域的专家进行分析，以调查每个人身上体现出的领导力。

结果显示，领导力具有两面性：无论是表现得居高临下的人，还是能够体谅他人的人，都具有成为优秀领导者的素质。

在实际工作的场合，也曾进行过同样的调查研究。

让在同一个项目中工作的同事互相评价对方，是属于居高临下型的，还是体谅他人型的。然后，还会询问参与者，认为对方在项目实施的过程中，发挥出了多少领导力。这项研究的结果，同样也显示居高临下的人与体谅他人的人都可以是优秀的领导者。

对数据的分析结果显示，居高临下与体谅他人可分别被解释为当事人强势与知性的表现。

在商界，由于体谅对方常常与自身的弱势相联系，所以斯坦福大学商学院的学生们才会对这一结果感到惊讶吧。我觉得学生们是基于“今后的时代，在发挥领导力时将会更加注重对他人的同理心”这样的想法，才来听我授课的，但几乎没有一个学生了解同理心与领导力之间的关系。

我的学生中有的来自行贿受贿风气严重的国家，也有的从事的是竞争残酷的行业，在那种环境下，必须以胜出为优先考量，很难会想到要去帮助他人。因此，当我劝说这些学生“最好做一个能平易近人、体谅他人的人”时，总显得缺乏说服力。

即便如此，在这门以商界人士为对象的课程开始之初，我还是会通过上述的那两张照片，来准确地表现出领导力自身所具有的矛盾点。

我们可以通过威胁和恐吓来维护对自己有利的立场。很多有社会经验的学生，都经历过这种“靠威胁和恐吓来让对方俯首称臣”的场面。

但是，也有的人能够做到以平等、亲和的心态，使自己成为对方可以交心的对象，从而赢得对方的尊敬。实际上，当我询问学生们“自己的人生中希望遇到什么样的领导”时，大部分人的回答还是“能够接受自己，为自己实现目标而提供支持，把自己当成平等的个人来对待的领导”。

斯坦福大学对同理心的定义

当然，所谓“同理心 / 共鸣型领导力”并不是说只要有优雅的笑容就可以了。“斯坦福大学同理心与利他心研究教育中心”针对构成同理心的要素，提出了以下三点内容：

①能够考虑到他人的需求、要求、痛苦，关心他人的苦难；

②以与他人互相依存的心态去体谅对方，与其构建牢固的人际关系；

③满足他人的需求，为减轻其痛苦和实现幸福而提供支持。

就像一个温情的家庭一样，彼此会注意到对方的悲伤，会表现出担心，会为对方的苦难而心痛，会去鼓励对方。只有一个温情的家庭，才会做出这些举动。而“同理心／共鸣型领导力”则是基于与这种家庭关系类似的一种态度，它来自“期望见到自己所属的组织或地域社会有所进步”的想法。为此，个人的成功将不再是第一考量，转而追求整个组织的目标。

对他人的需求表现出发自内心的关心，并非为了利用他人的需求来成就自我，而是真心实意地关心他人的满足感和幸福感。最近的研究也表明，“同理心／共鸣型领导力”可以构建一个强有力的、很有干劲的集体，同时也能防止领导者自己出现“职业过劳症”的问题。

对于非领导者来说，也是一种必要的素质

“同理心／共鸣型领导力”并不只是领导者需要具备的素质，对于非领导者来说，也是很有必要的。无论你所在的是什么样的岗位，都应该以理解的心态来重新审视自己所从事的工作。例如，当满脸不高兴的客户向你抱怨时，当客户提出无理的要求时，你该如何去应对呢？这种情况下，还是试着以体谅、理解的心态来处理吧。

去应对难缠的客户，总是一件令人痛苦的事情。也许你会觉得这是对自己的一种折磨，说不定还会产生“这不是我的错，都是客户的错”这样自我防卫式的想法，从而感觉去应对客户任性、无理的要求，是对时间和精力的一种浪费。

如果我们换个视角，不要将目光放在“被难缠的客户攻击导致自己很有压力”这一点上，而是以“能帮助某人解决其担心的问题，这将是令人开心的事情”的心态，把这次的工作当作一次机遇。当我们能够这样去想问题时，原先的痛苦感觉也许会转变为“以简洁明快的回答，打消客户心中的担忧”这样的喜悦之情。如果你只是以“完成公司交给我的任务”为出发点，那么无论你能否以同理心去对待客户，结果可能都将是一样的吧。但是，如果我们能以同理心去解决问题，不仅能改变我们对工作的认识，也将会改变周围人对我们的评价。

我也曾有过“懒得去处理这个工作”的瞬间。这种时候，我就会想这个工作能够锻炼我、引导我向成为有同理心的老师或导师的目标更近一步。因此，虽然给学生判定成绩、出差去做演讲等工作都是很辛苦的，但我现在发自内心地乐于去做这些事情。

对自己来说“什么是最重要的价值”

实践“同理心 / 共鸣型领导力”的一个方法，就是常常思考什么才是自己最重视的价值。几乎所有的公司和职场都在宣扬“创新是第一要务”“重视团队协作”“客户是上帝”这样的企业价值目标，但是，请你思考一下，对自己来说什么才是最重要的价值。

某项研究表明，思考自己的价值观，将有助于做出有同理心的行为，因为这能让你感受到自己与他人或者比小我更大的事物之间的一种联系。通过思考自己的价值观，我们能在接受新的信息，或者面对周围人的各种反应时，拥有一个更为宽广的胸怀。了解“什么才是对自己来说，最重要的价值”这一点，不但对领导者，而且对所有人都会很有益处。这是能让我们学习和成长的一个重要因素。

每天早晨我都会先思考：今天，我想要表现出什么样的价值观？是要展现出我的勇气，还是更加重视周围的人？当然，还有抱有一颗同理心等。我每天起床后，就回想自己所重视的价值观，并思考如何将其运用到当天的活动或工作中去。

自己最重视的价值观，将是我们面对艰难选择、直面苦难时的一个“路标”。我每次要做出艰难的选择时，总会思考其与自己的价值观之间有何关联。我会自问：“这将如何激发出自己的勇气？”“哪种选择能使自己摆脱恐惧与担忧？”

将周围人也考虑进来同样是很重要的。我就常这样来自问：除了自己以外，还应该去听取谁的意见？有没有其他应该考虑的关系者？怎样才能进一步了解他人的要求与意见？有没有其他人能出主意？是否本该去与谁合作，却选择了自己一个人去完成？……

最后，对自己的关心，也是“同理心 / 共鸣型领导力”的一项关键内容。我曾经问过在企业中担任要职或做过高层管理者的人，结果他们都异口同声地回答“体谅自己是最难的事情”。因为很多人都觉得相对来说，体谅他人还算是易事。但是，对自己抱有同理心，是我们力量的来源，也能激发我们的服务精神。可以说，最优秀的领导者，肯定都是很重视自身幸福的人。

那些牺牲自我健康和幸福的领导者，相当于是在告诉部下，他们也应该像自己一样。这将会在公司内部形成自毁、过劳的风气。只有能关心自己的人，才能真正去关心周围的人，团队成员之间也将会形成互相关心的氛围。

为了高效地完成工作，我们需要每天设定一件对自己来说最重要的事情。对我来说，这件事就是运动。无论我有多忙，每天都会留出时间来做运动。哪怕忙得筋疲力尽，我也从未想过“今天就不做运动了吧”。我会努力确保每天有做运动的时间。

虽然阅读本书的读者们可能各自都有着不一样的工作和目标，但是，衷心希望今天我给大家的建议能帮助你们成为有同理心的领导者。为了成为各自理想中的领导者，大家应该现在就采取行动。抱有同理心，这将会给你带来新的机遇。希望大家在努力时，能够坚信这一点。

Lesson 24　要点

掌握领导力的法则

法则 1　何谓“同理心”

→同理心具有以下三要素：

▲能够考虑到他人的需求、要求、痛苦，关心他人的苦难；

▲以与他人互相依存的心态去体谅对方，与其构建牢固的人际关系；

▲满足他人的需求，为减轻其痛苦和实现幸福而提供支持。

※ 基于“斯坦福大学同理心与利他心研究教育中心”所给出的定义。

>>> 具体的行动

▲联想“温情的家庭”

彼此会注意到对方的悲伤，会表现出担心，会为对方的苦难而心痛，会去鼓励对方。

基于与这种家庭类似的一种态度，会去关心组织内的成员。

出于“期望见到自己所属的组织或地域社会有所进步”的想法，为此，个人的成功将不再是第一考量，转而追求整个组织的目标。

法则 2 每天早晨，思考对自己来说最重要的事情、最重视的价值是什么

→思考自己的价值观，将有助于做出有同理心的行为。

法则 3 将周围人也考虑进来

>>> 具体的行动

▲除了自己以外，还应该去听取谁的意见？

▲有没有其他应该考虑的关系者？

▲怎样才能进一步了解他人的要求与意见？

▲有没有其他人能出主意？

▲是否本该去与谁合作，却选择了自己一个人去完成？

法则 4 要关心自己（对自己抱有同理心），每天设定一件对自己来说最重要的事情

→关心自己实际上是最难的一件事！

▲关心自己 = 关心周围的人 = 团队成员之间也将会形成互相关心的氛围。

▲对自己抱有同理心，是我们力量的来源，也能激发我们的服务精神。

>>> 具体的行动

例

·做（自己最喜欢的）运动，哪怕忙得筋疲力尽，每天也会留出时间来做运动。

从未想过“今天就不做运动了吧”，要努力确保每天有做运动的时间。

千万不要做

▲牺牲自己的健康与幸福。

牺牲健康与幸福的领导者，相当于是在告诉部下，他们也应该像自己一样。

→这将会在公司内部形成自毁、过劳的风气。

Lesson 25
道德的“心理陷阱”：如何避免错误的选择

企业的董事、政治家以及其他领导者，常常会被曝出一些非道德的行为。那些看似要做出表率的领导者，最后却深陷严重的非法勾当之中。每当这种非法或伪善的行为被曝光后，人们总是会轻易下结论：那是因为这个人原本性格就有缺陷吧。因为他们原本就是一个坏人，所以才会昧着良心，模糊了善恶之间的界限。

在某些案例中，这样的观点确实正确。那些有着反社会性格（属于一种社交障碍症和人格障碍。这种人的行为主要会表现出反社会的倾向）、感知不到良心谴责的人，会利用自身的地位去压榨他人。

但是，心理学的研究表明，非道德行为未必就一定是由与生俱来的性格所导致的。我们之所以会做出错误的选择，是心理因素与社会因素同时影响的结果。哪怕是像我们这样内心坚信只能做符合道德规范的事情的人，也很容易受到影响。理解这一事实，将有助于我们抵抗有违道德观和价值观的诱惑。

思维陷阱 1 “道德许可”

当人们认为自己已经做过善事的时候，往往最容易做出不道德的事情。心理学家将此称为“道德许可”。因为自己以前做过善事，所以在面对今后的行为时，往往就会自我许可，不用再担心所做的决定是否正确了。

例如，被人提醒曾表现得非常“宽大”的公司经营者，在面对是否要让企业遵守法律规定，实施耗费成本的重要改革时，就会表现出比较消极的态度。另一项调查也显示，注重环境保护的人，在有利可图的游戏中作弊的可能性会更高。而这些人在地方团体募集基金的过程中，挪用公款的可能性也很大。

令人吃惊的是，人们越认为自己是特别道德的，这种“道德许可”的现象就越容易出现。

英国伦敦商学院的研究者对“财富 500 强”排行榜（美国《财富》杂志每年发布的全美排行前 500 名企业名单）中 49 家上市公司的 CEO 的行为进行了分析研究。

研究发现，曾在企业的社会责任方面做出过业绩的 CEO，其在之后被人告发出丑闻的概率往往也特别高。因过往的行为或引人注目的成就，而被认为是毫无疑问值得被信任的、有道德的人，容易对自己的行为表现出放松警惕的倾向。

为了不让自己落入这种“道德许可”的陷阱，我们必须让自己的判断不受他人的影响，坚持做出独立的选择。在好决定与坏决定之间，并没有所谓的衡量“尺度”。以往的善行并不能拿来抵消之后的违法行为。

当我们面对选择，不是将思考重点放在其道德意义上，而是开始认为自己的品行端正时，可以说，你已经落入“道德许可”的陷阱了。

我一直教给学生们的“决断过程”，就是无论在做任何决定时，都要清楚地了解其在道德上的重要性。在这里面，都有哪些利害关系者？对他们来说，最重要的是什么？你的决定将会给他们造成什么样的影响？

接下来就是要知道，你做出的每一个选择，会对谁造成什么样的损害。虽然我们总免不了对别人造成损害或需要承担风险，但是事前了解清楚，将能避免出现偶然或无意中对他人造成伤害的情况。

最后，就是要思考，对你来说最为重要的道德价值是什么？让你做出最终决定的价值观又是什么？是正直心，还是透明公正，抑或想要守护组织的未来？不管最重要的内容是什么，都请确认你做出的决定能否反映出你的这种价值观。

研究也发现，当我们想象着自己做出的错误决定被曝光后，将会带来名誉扫地的后果时，做出正确决定的可能性便会变大。

思维陷阱 2　意志力的枯竭与消耗

大家都知道，一天中，我们的自控力会呈现出逐渐消耗的倾向。疲劳会使注意力变得不集中，也难以具备战胜诱惑的意志力。在一天的后半段时间里，人们会表现得比较急躁，容易出现过度消费、暴饮暴食的行为。

心理学家将这种状态称为“意志力的枯竭与消耗”。最近的研究显示，在进行道德上的选择时，也会受到这种意志力枯竭与消耗的影响。在一天中，精力大大消耗的后半段，做出非道德判断的可能性会显著增加。

美国哈佛大学艾德蒙 ·J. 萨夫拉基金会伦理学中心最近的一项研究显示，比起早晨，人在下午的晚些时候，更容易做出撒谎、欺骗、偷窃等不道德的事情。

当然，仅仅因为疲劳，是不可能让一个老老实实的职员突然就变成侵吞公款的罪犯的。但是，意志力的枯竭与消耗，的确会增加人们掩盖错误、偷工减料、谎话连篇的可能性。

那么，为了不落入这一陷阱，我们该怎么办呢?

其实，这和我们在疲惫时，避免自己的意志力出现衰退的方法是一样的——预先给自己设定好一个原则。

你在做决定时的判断基准，不应该因一天中不同的时间段，或前一天晚上睡眠时间的长短，而出现任何变化。研究证实，通过事先设定好一个必须遵守的原则，人们能有效地避免由于其他因素而影响自己做出正确的决定。

例如，作为一名教授，我坚持的原则就一直是“公正第一”。当试卷问题的难度过大，而我又不知道是否该给学生重新判分时，或者是否该给拖延课题的学生以处罚时，“公正第一”这四个字，就是能帮助我做出决定的判断基准。

正因为我坚守这一原则，所以当我不想去应付抱怨不满的学生时，当我因为没时间重新判分而备感压力时，我总是不允许自己用最偷懒的方式来了事。

思维陷阱 3　权力会剥夺同理心

研究显示，当一个人掌握决断大权时，他往往很难对别人表现出同理心。

神经科学家认为，当某人身居高位时，无论其权力是长久的还是暂时的，其脑中可以感知共鸣的最基本结构（关心他人想法、理解他人感受的神经细胞“镜像神经元”）会出现功能损伤的情况。

也就是说，身居高位的人，对他人情感的认知能力会变得很低下。同样地，对地位低的人所面对的困难，他们难以表示出同情心，想要帮助他人的意愿也会变得比较薄弱。

这种“同理心的欠缺”，也有可能是出于有意的、善意的考虑而做出的，但是由于未顾及对他人的影响，所以还是会给周围的人带来伤害。例如，作为一名部门经理，如果不了解自己的团队正面临的压力，那么他就不知道自己的批评也许会给整个团队的士气和成果带来多么大的伤害。

手握权力的人，常常会做出更多的嘲讽之举，也会助长非道德的行为。研究显示，随着自己地位的上升，认为“周围的人都将以我为中心行事”的想法会变得越发强烈。

其中一个原因，就是这些手握大权的人，往往会成为阿谀奉承、行贿送礼、背叛出卖以及其他各种形式的被社交操纵的目标。

当一个人身居高位，周围的人就会对他产生忌妒之情，或者大家都想靠近其权力和财产，这会导致其难以再去信任他人。研究表明，身居高位的人，对他人的嘲讽之举会变多，不再把是否应尊敬对方作为判断的依据，也很少再去支持那些更大的善举。

如果身居高位的人是你，也许你有必要训练自己有意识地去感知同理心。对于那些会因你的决定而受影响的人，你应该好好听取他们的反馈和意见。当别人对你说话时，你也应该仔细聆听并予以关注，以此来增强自己的倾听技能。然后，为了确认自己真的理解了他所说的内容，你还要试着进行提问。

同时，要时刻检讨自己，是否有过嘲讽他人的行为。特别是，随着自己地位的不断上升，当感到一种社交孤立时，就更要提醒自己注意这一点。此外，让自己有意识地进行认可他人的练习，也是很有效果的。

不要让自己再被他人的阿谀奉承所操纵，而是要更加关注团队中那些真正做出贡献的人，向他们表示关注和感谢。这将有助于我们改变以往嘲讽的态度，大大减少做出错误判断的机会，从而使我们和团队形成相互依赖的思维。

思维陷阱 4 认为错误被发现前，是可以被修正的

针对美国国内企业违法行为的分析结果显示，SEC（美国证券交易委员会）搜查的企业违法事件中，75% 都是因为将不现实的高收益预测当作早期计划而导致的。

乐观主义是如何让事态朝着违法的方向发展的呢？当发现乐观的预测与现实情况相去甚远时，企业就会想着无论如何都要保证收益。因此，后期就会对利润进行造假。这就像是“滑滑梯”，让人从乐观主义出发，最终演变成了欺诈行为。这种想法也成了滋生职场违法行为的温床。

害怕承认错误、害怕拿不出众人所期待的成绩，所以比起修正错误来，更多想到的还是去掩盖真相，比起自我改善来，自我保全反倒是被优先考虑的事项。想让自己看起来是非常出色的从业者，结果却走上了邪路。

为了避免这种情况，当我们发现自己犯了错以后，应立刻采取行动修正之前的错误。面对想要掩饰错误和丑闻的诱惑，内心

应该想着“真相一定会被追查出来的”，以及你想让大家怎样了解真相。

如果你是领导，应该注意建设“从错误中学习”的企业文化。一个能从错误中吸取教训的组织，应该制定一套能对失败进行分析、对变化抱以开放的心态的规章制度。

例如，美军在每次重要任务结束之后，都要强制进行“任务报告”的环节。任务报告会主要集中在四个问题上，即完成了什么任务？过程中发生了什么？为什么？下次任务该怎么做？

此外，像“无责备报告”制度，允许人们报备一些错误而免遭处罚。很多医院因此愿意承认自己的医疗失误。同时，这也将有助于其在内部实施组织变革，以防止将来再出现类似的问题。作为一名领导者，其对待错误和失败的方式，将会减少整个组织中的违法行为，以及营造透明的工作环境。

那些最终做了坏事的人，几乎一开始都是基于善意的出发点。这次介绍的这些方法，将有助于我们避开领导者们常会落入的“心理陷阱”。同时，我们应知道即使不是领导者，其他人也很容易落入这些陷阱之中。因此，我们要去帮助他人避免重蹈这样的覆辙。

Lesson 25 要点

不作恶法则

法则 1 当人们认为自己已经做过善事的时候，往往最容易做出不道德的事情。这被称为“道德许可”

何谓“道德许可”

→因为自己以前做过善事，所以在面对今后的行为时，往往就会自我许可，不用再担心所做的决定是否正确了。

法则 2 过度疲劳会导致意志力衰退，人会变得更容易说谎

法则 3 晋升、出人头地之后，同理心会变弱

→手握权力的人，对他人难以表示出同情心，想要帮助他人的意愿也会变得比较薄弱。

这种“同理心的欠缺”，会导致人们更容易做出不道德的事情。

>>> 具体的行动

▲身居高位的人，应训练自己对他人的同理心。

▲对于那些会因你的决定而受影响的人，应该去听取他们

的反馈和意见。

法则 4　不要想着“错误被发现前，是可以被修正的”

>>> 具体的行动

▲当发现自己犯了错误以后，应立刻采取行动修正之前的错误。

▲如果你是领导，应该注意建设“从错误中学习”的企业文化。

例如“无责备报告”制度，允许人们报备一些错误而免遭处罚。

→作为一名领导者，其对待错误和失败的方式，将会减少整个组织中的违法行为，以及营造透明的工作环境。

千万不要做

▲认为自己过去做过善事，因此自己将来的行为也一定是正确的。

图书在版编目（CIP）数据

自控力.实操篇 /（美）凯利·麦格尼格尔著；金磊译.
—北京：北京联合出版公司，2018.8
ISBN 978-7-5596-2094-1

Ⅰ.①自… Ⅱ.①凯… ②金… Ⅲ.①自我控制—通俗读物
Ⅳ.①B842.6-49

中国版本图书馆CIP数据核字（2018）第095482号

STANFORD NO SHINRIGAKU KOGI JINSEI GA UMAKUIKU SIMPLE NA RULE
written by Kelly McGonigal Ph.D.

自控力.实操篇
作　　　者：（美）凯利·麦格尼格尔
日文版监译者：泉 惠理子
译　　　者：金　磊
责 任 编 辑：李　征
封 面 设 计：门乃婷工作室

北京联合出版公司出版
（北京市西城区德外大街83号楼9层　100088）
北京嘉业印刷厂印刷　新华书店经销
字数215千字　700毫米×980毫米　1/16　16.5印张
2018年8月第1版　2018年8月第1次印刷
ISBN 978-7-5596-2094-1
定价：48.00元
